beck'sche
reihe

bsr

Ulla Fölsing stellt in diesem Band dreizehn berühmte Paare vor, die nicht nur heirateten, weil sie eine Familie gründen wollten, sondern auch, weil sie gemeinsam wissenschaftliche Interessen verfolgen und zusammen arbeiten wollten. Ihre Schilderung der privaten und wissenschaftlichen Symbiose dieser Paare eröffnet faszinierende Einblicke in eine Vielfalt von Erfahrungshorizonten und Lebensmustern, Karrierestrategien und Konfliktlösungsmöglichkeiten. Sie sucht eine Antwort auf die Frage, wie die Mischung von Herz, Hirn und Hormonen beschaffen sein muß, damit aus genialen Beziehungen erfolgreiche Forscherpaare werden, die sich gegenseitig fördern und zu Höchstleistungen herausfordern.

Ulla Fölsing, Dr. rer. pol., studierte Volkswirtschaft, Soziologie und Politikwissenschaft. Sie war wissenschaftliche Assistentin am Lehrstuhl für Soziologie der Universität Bonn, arbeitete im Pressereferat des Bundesministeriums für Bildung und Wissenschaft und ist heute freie Journalistin, vor allem für den Hörfunk, in Hamburg. Von ihr ist im Verlag C.H. Beck erschienen: Nobel-Frauen. Naturwissenschaftlerinnen im Porträt, 3. Aufl. 1994.

Ulla Fölsing

Geniale Beziehungen

Berühmte Paare in der
Wissenschaft

Verlag C. H. Beck

Für Albrecht – immer

Fölsing, Ulla:
Geniale Beziehungen : berühmte Paare in der Wissenschaft / Ulla Fölsing. – Orig.-Ausg. – München : Beck, 1999
  (Beck'sche Reihe ; 1300)
  ISBN 3 406 42100 8

Originalausgabe
ISBN 3 406 42100 8

Umschlaggestaltung: Groothuis + Malsy, Bremen
Umschlagabbildung: Irène Joliot-Curie und Frédéric Joliot,
Œuvres Scientifiques Complètes, Paris,
Presses Universitaires de France, 1965
© C. H. Beck'sche Verlagsbuchhandlung (Oscar Beck), München 1999
Gesamtherstellung: C. H. Beck'sche Buchdruckerei
Gedruckt auf säurefreiem, altersbeständigem Papier
(hergestellt aus chlorfrei gebleichtem Zellstoff)
Printed in Germany

Inhalt

Liebe, Leben und Labor 7
Nicht ohne den anderen 19

Pioniere

Maria Winkelmann und Gottfried Kirch 32
Laura Bassi und Guiseppe Verati 39
Ernestine Christine und Johann Jakob Reiske 45

Nobel-Paare

Marie und Pierre Curie 56
Irène und Frédéric Joliot-Curie 72
Gerty und Carl Cori 83

Gelehrsamkeit zu zweit

Tatyana und Paul Ehrenfest 94
Ida und Walter Noddack 103
Kathleen und Thomas Lonsdale 114

Die vertane Chance

Mileva Marić und Albert Einstein 126
Clara Immerwahr und Fritz Haber 136

Gemeinsam für eine bessere Welt

Margaret Mead und Gregory Bateson 148
Alva und Gunnar Myrdal 158

Nutzen und Risiko des Doppels 167

Literatur 173
Abbildungsnachweis 177
Personenregister 178

Liebe, Leben und Labor

„Überleg Dir genau, mit wem Du Dein Leben teilen willst. Dann schaffst Du es, wenn Du es möchtest, Ehefrau, Mutter und Wissenschaftlerin zugleich zu sein." Mit diesen Worten ermutigte die italo-amerikanische Medizin-Nobelpreisträgerin Rita Levi-Montalcini im Dezember 1986 bei der Preisvergabe in Stockholm junge Wissenschaftlerinnnen und solche, die es werden wollen. Sie selbst hat sich nie entschließen können zu heiraten, auch wenn sie lange Jahre mit ihrem amerikanischen Mentor Victor Hamburger und später mit dem ein Dutzend Jahre jüngeren Biochemiker Stanley Cohen in der Forschung eng verbunden war. Wer im Tandem forscht, teilt aber noch nicht Tisch und Bett. Wissenschaftlerpaare, die so viel Gemeinsamkeit wagten, sind bis heute Randfiguren im Forschungsbetrieb geblieben.

Zwei unzertrennliche Paare, geeint durch starke Gefühle und wichtige Interesse, haben allerdings schon im 18. Jahrhundert Ruhm und Ansehen erlangt: Madame du Châtelet und Voltaire, Madame d'Epinay und Friedrich Melchior Grimm. Emilie Marquise du Châtelet, als Mutter gleichgültig und desinteressiert, war eine besessene Mathematikerin und Physikerin. Die Franzosen verdanken ihr die Übersetzung des Werks von Isaac Newton. Im Gedächtnis geblieben ist die Aristokratin jedoch vor allem als langjährige Lebensgefährtin Voltaires. Louise d'Epinay dagegen, die Geliebte des Enzyklopädisten Grimm, zeigte eher literarische Begabung, besonders aber ein lebhaftes Interesse an allen Aspekten der menschlichen Entwicklung und Erziehung. Ihre „Conversations d'Emilie" sind ein leidenschaftliches Plädoyer für ein neues Verständnis von Mutterschaft und für eine anspruchsvolle Erziehung von Mädchen. Glück in der Liebe und weibliche Erfüllung schufen sowohl bei Madame de Châtelet wie auch bei Madame d'Epinay eine wesentliche Voraussetzung für deren geistige Entfaltung wie auch für ihre intellektuelle Hartnäckigkeit.

Noch eine dritte Französin erwarb sich Ende des 18. Jahrhunderts wissenschaftliche Meriten. Marie-Anne Pierrette Lavoisier repräsentierte nicht nur auf das Eleganteste an der Seite ihres berühmten Ehemannes, des Chemikers Antoine Laurent Lavoisier, und empfing in ihrem Pariser Salon die Gelehrten-Prominenz und die Akademie-Kollegen ihres Mannes. Die anmutige Schöne tat sich auch selbst in der Chemie um. Sie übersetzte englische Fachliteratur ins Französische und stattete das zweibändige Hauptwerk ihres Mannes „Traité élémentaire de chimie" mit Kupferstichen aus. Nach Lavoisiers Tod in den Wirren der französischen Revolution unter der Guillotine gab sie dessen „Memoires de chimie" heraus.

Ein Jahrhundert später dachte sich Ada Countess of Lovelace, die Tochter des englischen Dichters Lord Byron, die mathematischen Grundlagen der Computerwissenschaft aus. Die adlige Dame war damals 27 Jahre alt und Mutter von drei Kindern. Mit dem Mathematik-Studium hatte sie als Siebzehnjährige während ihrer ersten Ball-Saison in London begonnen, um sich von den Gedanken an eine unglückliche Affäre mit ihrem Hauslehrer abzulenken, mit dem sie vergebens durchzubrennen versucht hatte. In dem berühmten Charles Babbage, dem Erfinder von Lochkarte und Rechenmaschine, fand sie einen hochrangigen Wissenschaftler und Förderer. der ihre mathematischen Gehversuche viele Jahre lang tatkräftig unterstützte. Mit William Lord King, dem späteren Earl of Lovelace, heiratete sie einen Mann, der gleichfalls, wenn auch auf ganz andere Weise an der Forschung interessiert war und ein Buch über das damals brennende Thema der „Bevölkerungstheorie" veröffentlichte. Zusammen publizierten die Lovelaces vier Jahre vor Adas Tod eine Studie über das sehr britische Thema der Meteorologie in der Landwirtschaft.

Wissensdurst und Erkenntnisinteresse, Tatendrang und der Wunsch, sich einer Sache ganz zu widmen, sind also nie eine nur männliche Domäne gewesen, und auch Ehrgeiz hatte kein Geschlecht. Bis ins 19. Jahrhundert allerdings blieben Forscherinnen Ausnahmeerscheinungen, und die wenigen, die es gab, mußten, wenn sie nicht Aristokratinnen waren, ihre Weiblichkeit verbergen. Selbst bei wissenschaftlichen Briefwechseln über hochrangige Forschungsergebnisse hatten sich weibliche Wissenschaftler tunlichst hinter einem männlichen Pseudonym zu verstecken, wie es die französische Zahlentheoretikerin Sophie Germain bei ihrer Korrespondenz mit dem deutschen Mathematiker Carl Friedrich

Gauß tat. Lange Zeit waren wissenschaftliche Laufbahnen für Frauen sowieso nicht akzeptabel, und es gab dementsprechend kaum Männer, die bereit waren, Frauen mit solch umstrittenen Ambitionen zu ehelichen.

Ausnahmen bestätigten die Regel: In der 2. Hälfte des 19. Jahrhunderts avancierten in linksintelektuellen Kreisen von St. Petersburg Scheinehen zum allseits beliebten Mittel von Frauenemanzipation. Da eine Frau der väterlichen Gewalt nur durch Heirat entfliehen konnte und konservative Väter natürlich nicht daran dachten, ihre Töchter zum Studium ins Ausland ziehen zu lassen, gingen die wissensdurstigen jungen Damen eine Ehe mit einem mehr oder weniger beliebigen Partner ein. Dabei verstand es sich, daß man mit der Eheschließung keine Rechte aufeinander erwarb. Am bekanntesten ist der Fall der russischen Mathematikerin Sofia Kowalewskaja, die 1868 als Achtzehnjährige ihren Mann Vladimir, einen angehenden Paläontologen, heiratete, der mit einer platonischen Beziehung einverstanden war. Die Ehe erlaubte es der jungen Frau, ihrer Familie zu entkommen, zusammen mit ihrem Mann zu Studienzwecken nach Heidelberg zu gehen und wenig später ganz Europa auf eigene Faust zu bereisen.

In aller Munde kamen Wissenschaftlerehen erstmals 1903, als die legendären Curies als gemischtes Doppel zusammen einen halben Physik-Nobelpreis erhielten. „Wir sind von Briefen und Besuchen, von Fotografen und Journalisten überschwemmt. Man möchte sich unter die Erde verkriechen, um Ruhe zu haben", schrieb Marie Curie damals an ihren Bruder Josef Sklodowski in Polen. Die Verleihung des Nobelpreises lenkte die Aufmerksamkeit von Millionen Menschen, Männern und Frauen, bewundernd auf das Forscherpaar, auf dessen Entdeckung und auf die sensationellen Umstände, die dazu geführt hatten – für Marie und Pierre Curie ein wahrer Albtraum. Denn, so später Tochter Eve Curie in ihrer berühmten Biographie, diese Millionen „wollen in die Intimität der beiden Menschen eindringen, um die ein zwiefaches Genie ... bereits eine Legende webt".

Der Rummel um die Curies konnte nicht ausbleiben. Wenn zwei sich finden und zu Ruhm kommen, gibt es immer begeisterte Voyeure, und wenn gar die Wissenschaft die Einheit zu zweit beschwört, so fällt ein solches Doppel besonders auf. In einer Welt, in der ständig darüber meditiert wird, was Paare zusammenhält, –

ob Liebe, Sex oder Kinder – ist gemeinsame Forschungsarbeit ein eher rarer Klebstoff und macht ein Paar zu Zwillings-Kopffüßlern. Um so mehr Grund, nach der Mischung von Herz, Hirn und Hormonen im Zusammenleben dieser beiden Leute zu fragen.

Dabei scheint alles ganz einfach: Für Wissenschaftlerpaare gilt wie für andere Zweier-Konstellationen der alte Spruch: „Gleich und gleich gesellt sich gern". Was schon Shakespeare als die „Ehe gleicher Seelen" pries und die Soziologen heute „Kompatibilitäts-Modell" nennen, meint den Bonus ähnlicher Persönlichkeiten und sozialer Merkmale. Wenn dann noch eine bestimmte Lebenssituation zweier Menschen mit ähnlichen Wünschen, Sehnsüchten und Interessen hinzukommt, funkt es auch bei Geistesarbeitern. Offenbar verlieben sich zwei Menschen besonders gern ineinander, wenn sie erkennen: Mit diesem Mann, mit dieser Frau ist eine Entwicklung möglich, in welchem Bereich auch immer.

Private, besonders aber berufliche Entwicklungsmöglichkeiten sahen von Anfang an vor allem die an der Forschung interessierten Frauen in der Ehe mit einem Kollegen. Wer konnte, wählte deshalb schon früh wie die Italienerin Laura Bassi im 18. Jahrhundert den Weg über den Traualtar, um sich unangefochten wissenschaftlicher Arbeit widmen zu können. Dabei traf die Bürgertochter Laura Bassi in ihrer Heimat auf ein Klima, dem die Teilnahme von Frauen an den Wissenschaften seit rund zweihundert Jahren nicht mehr ganz fremd war. Denn seit dem späten 16. Jahrhundert hatte sich manch ein Gelehrter an den hochkultivierten Renaissance-Höfen Oberitaliens der Gunst eines aristokratischen Gönners oder auch einer hochgestellten Gönnerin erfreut. Besonders die adeligen Damen gefielen sich offenbar in der Rolle der Mäzenin: 300 Jahre bevor Frauen an Universitäten studieren durften, trugen Edelfrauen an den Fürstenhöfen maßgeblich zur Wiederbelebung von Kunst und Wissenschaft bei.

Philosophische Fragen gab's dabei zum Dessert. Sie wurden nach dem Diner erörtert und wechselten ab mit anderem Zeitvertreib wie Tanz und Gesang – in einer Atmosphäre, die für Frauen wie geschaffen schien: Das Wechselspiel von Rede und Gegenrede diente der Unterhaltung des Hofes und war nicht unbedingt dazu bestimmt, ernsthafte Streitfragen zu klären. Die höfischen Damen konnten die Themen der Unterhaltung bestimmen. Denn die männlichen Gebildeten an den Renaissance-Höfen waren ihnen meist vom Rang her unterlegen. Allerdings blieben die Männer mit ihrer besonderen Ausbildung die eigentlichen Redner, und die Frauen von Stand taten nicht viel mehr als Fragen zu stellen.

Mit der Gründung der wissenschaftlichen Akademien im 17. Jahrhundert – so der Londoner „Royal Society" und der Pariser „Académie française" – verloren die Adelsdamen an intellektuellem Einfluß. Nur in privaten Zirkeln genoß ihre Meinung weiter Ansehen. Von der institutionalisierten Wissenschaft aber blieben die weiblichen Wesen ausgeschlossen: Auch hochgebildete Frauen schafften es nicht in die nun verfügbaren, bezahlten wissenschaftlichen Stellungen, etwa in die Position besoldeter Akademie-Mitglieder.

Vom 17. Jahrhundert an wetteiferte noch eine dritte Einrichtung um die Aufmerksamkeit der Gebildeten. Hier hatten Frauen weitaus mehr Chancen. Die großen Pariser Salons, in denen Gelehrsamkeit mit höfischer Eleganz verbrämt war, boten das einzigartige Beispiel kultureller Einrichtungen, die ausschließlich von Frauen geführt wurden. Wissenschaft im engeren Sinne wurde dort freilich nicht getrieben, sondern lediglich über wissenschaftliche Themen geredet und um wissenschaftliche Pfründen gekungelt. Manch eine „salonnière" entwickelte sich dabei zur Wissenschafts-Managerin, indem sie junge Männer, die in der Wissenschaft Karriere machen wollten, protegierte. Die Möglichkeiten gutgestellter Adelsdamen, hinter den Kulissen männliche Laufbahnen zu begünstigen oder zu zerstören, waren offenbar beträchtlich.

Nicht alle wissenschaftsinteressierten Frauen des 17. und 18. Jahrhunderts hatten übrigens Adelstitel. Vor allem in Deutschland, wo lange Zeit ganze Familien in Handwerksbetrieben zusammenarbeiteten, kamen manche Frauen aus niederem Stand auf dem Umweg über ein Handwerk zur Forschung – mit der Hilfe von Ehemann, Bruder oder Vater. Drei Paradebeispiele gibt es dafür: die Astronomin Maria Winkelmann, die Ehefrau und Assistentin des Astronomen Gottfried Kirch, ihre jüngere Kollegin Caroline Herschel, die Schwester und Mitarbeiterin des Astronomen William Herschel, und die Botanikerin, Entomologin und Forschungsreisende Maria Sibylla Merian, die Tochter des Kupferstechers Matthäus Merian. Ihr brachte der Stiefvater Jakob Morell das handwerkliche Können bei, das sie später befähigte, ihre Beobachtungen an Pflanzen, Käfern und Schmetterlingen eindrucksvoll in Kupfer zu stechen und zu illuminieren. Die vor 350 Jahren geborene Insektenforscherin war eine Frau ganz nach dem Geschmack unserer Zeit. Sie trennte sich schon in jungen Jahren nach kurzer Ehe von ihrem Mann Johann Andreas Graff, einem Malerkollegen, als der sich als Fehlgriff erwies.

Historiker haben immer wieder die Bedeutung der günstigen Umstände herausgestrichen, die frühe Wissenschaftlerinnen in „Familienfirmen" fanden, wo ein Familienmitglied, wenn nicht mehrere oder gar der gesamte Haushalt im Wissenschaftsbetrieb engagiert waren. Tatsächlich waren häusliche Lehre und Zusammenarbeit der einzige Weg für Frauen, sich wissenschaftlichen Themen widmen zu können, bevor sie an den Universitäten studieren durften. Auch danach haben sich Wisssenschaftlerdynastien als förderliches Netzwerk erwiesen, wie sich im Falle der Curies zeigt, wo heute die Enkel die Familientradition fortführen.

Selbst als zu Beginn des 20. Jahrhunderts Frauen in den meisten europäischen Ländern studieren durften, blieben die Universitäten und die Forschung weitere Jahrzehnte lang eine vorwiegend männliche Welt. Allenfalls die Kollegenehe bot Frauen einen unauffälligen Zugang zu eigenem Forschen und einen sozial akzeptierten Freiraum, von dem aus sie als Wissenschaftlerin mittun und mit männlichen Forschern kollaborieren konnten. Der Preis dafür war die Abhängigkeit vom Ehemann auch in der Forschung, von seinem Namen, seiner Stellung und seinem Erfolg. Damit verbunden war das Risiko, daß die Forschungsarbeit der Ehefrau keine eigenständige Aufmerksamkeit und Anerkennung fand.

Wissenschaftshistoriker stehen heute vor der Aufgabe, die individuellen Talente und ihre Einzelleistung bei der gemeinsamen Arbeit in solchen Wissenschaftlerehen auseinanderzudividieren. Das ist nicht immer leicht. Denn oft haben sich um die Arbeit von Paaren geschlechtsspezifische Mythen gerankt, die der Realität keineswegs entsprechen. Das prominenteste Beispiel ist Marie Curie, bei der lange Jahre immer wieder die Frage auftauchte, ob sie letztlich nicht doch nur eine wissenschaftliche Handlangerin, ein Anhängsel ihres klugen Physiker-Ehemannes gewesen ist. Inzwischen läuft die Argumentation in die Gegenrichtung: Im Schlepptau der Feministinnen kommen Frauen wie Mileva Marić und Clara Immerwahr zu wissenschaftlichen Lorbeeren, für die sich allerdings keine tragfähigen Belege finden lassen.

Paare in der Wissenschaft, die Tisch und Bett, Schreibtisch und Labor miteinander teilen, haben nicht nur eine gemeinsame Privatsphäre, sondern auch denselben Forscherberuf. Sie wählten damit die stärkste Möglichkeit zwischenmenschlichen Kommunizierens und Miteinanderlebens: Zusammen forschen, Ergebnisse erkennen und darüber schreiben ist von höchster Intimität, weil es bedeutet, etwas zu schaffen, was von Dauer ist und über den ständigen Kreislauf von Leben und Tod hinausgeht.

Für die ideale Gelehrtenehe stellen Sinnlichkeit und Sexualität, gemessen an der zugrundegelegten Wertskala, sicher ein wichtiges, aber eben nur ein Komplement zu den Bindungen geistiger und affektiver Art dar. Über das Sinnlich-Erotische hinaus bietet die Einheit zu zweit in besonderer Weise emotionale Unterstützung, Geborgenheit und Spannungsausgleich. Sie multipliziert zugleich für die Partner auf unkomplizierte Weise die beruflichen Kontakte: Beide erweitern ihre individuellen wissenschaftlichen und sozialen Möglichkeiten und gewinnen neue Flexibilität.

Vom Ausbau professioneller und privater Kontakte und Netzwerke durch ihre Männer profitieren speziell Wissenschaftlerfrauen, die – durch ihre Doppelrolle in Familie und Beruf gezwungen – meist zurückgezogener als ihre Männer leben. Zugleich lassen sich für sie Arbeit und Familie besser kombinieren, wenn Überstunden oder Fehlzeiten im Labor oder Institut mit dem eigenen Ehemann als Arbeits- und Freizeitpartner auszumachen sind.

Typisch für jede Zweierbeziehung ist, daß sie sich eine eigene Wirklichkeit, eine eigene gemeinsame Welt schafft. Auch die meisten Wissenschaftlerpaare haben jeweils eigene Wege beschritten, um sich ihr niemals einfaches Familien- und Berufsleben nach eigenen Wünschen, Notwendigkeiten und Gegebenheiten zu richten. Zu manchen Paaren fand sich dabei viel Material, zu einigen nur wenig, teils weil ihr Leben lange zurückliegt, teils weil sie von der Öffentlichkeit weitgehend unbeachtet blieben. So weit möglich, wird dargestellt, wie sie im Einzelfall Intimität und Kreativität ausbalancierten und in gemeinsame Arbeit umsetzten. Verständlicherweise unterschied sich die jeweilige Zusammenarbeit nach Art und Bedeutung, Dauer und Intensität. Manche Ehefrauen agierten nur hinter den Kulissen, andere waren Koautorinnen bei Veröffentlichungen oder sogar offiziell bestellte und bezahlte Mitarbeiterinnen.

Mehr als die Ehefrauen profitierten Ehemänner von Hilfsdiensten wie dem Schreiben und Korrekturlesen von Manuskripten und dem permanenten Dialog über den Verlauf bestimmter Forschungen. Nicht nur Gunnar Myrdal bekam wie so viele andere berühmte und nicht so berühmte Männer all seine Arbeiten, natürlich auch die Dissertation, von seiner Ehefrau auf der Schreibmaschine ins reine getippt. Das war offenbar ein klassisches Muster. Die faktische Mitarbeit war dabei nur die eine Seite, den Ehepartner tatkräftig zu unterstützen. Ebenso wichtig war es, ein anregendes Klima für die wissenschaftliche Arbeit des anderen zu schaffen und dessen Tun durch Zuhören und Gesprächsbereitschaft, Ermunterung und Kritik zu begleiten. Das zeigen alle Doppelbiographien. Wie bei den Curies und den Lonsdales schafften es manchmal sogar die Männer, der Frau als Forscherin im Alltag den Rücken freizuhalten und die Doppelrolle in Familie und Beruf bewältigen zu helfen. Sozialforscher wie der Franzose Jean-Claude Kaufmann, die den praktischen Umgang mit der schmutzigen Wäsche oder anderen Trivialitäten des Alltags als Endoskop ins Innere von Paarbindungen nutzen, hätten an solchen Ehemännern ihre Freude gehabt.

Anderswo überlebten im Privatbereich hartnäckig Rollenklischees, obwohl beide Partner in klugen Büchern gemeinsam dagegen Front machten, wie bei Alva und Gunnar Myrdal. Von deren jüngster Tochter Kaj wissen wir: „... wer am meisten nahm und wer am meisten gab. Alva mußte alles lesen, was Gunnar geschrieben hatte – Gunnar hingegen las keineswegs alles, was Alva geschrieben hatte. Aber seine großen Kenntnisse in der Familien-, der Frauen- und Friedenspolitik zeigen, wie eng er seine Arbeitsaufgaben mit Alvas verbunden sah. Er unterstützte die Forderung nach Gleichberechtigung im politischen Bereich, auch im Hochschulbereich und in sonstigen beruflichen Situationen, keineswegs aber im Privatleben – eine Diskrepanz, die ihn kalt ließ."

Bei den Habers und den Einsteins blieb tradiertes Rollenverhalten der Ehepartner gänzlich unreflektiert, und beide studierte Frauen, Clara Immerwahr wie Mileva Marić, waren nach der Heirat nur noch Professorengattin, Hausfrau und Mutter, während die Männer monoman ihre akademische Karriere verfolgten. Nicht nur das weibliche Interesse an der Wissenschaft, sondern auch die Liebe zum Ehemann blieb dabei auf der Strecke. Die

Verbindung der Habers endete mit dem Selbstmord von Clara Immerwahr, die der Einsteins mit der Scheidung Albert Einsteins von Mileva Marić. Auch die kluge Tatyana Ehrenfest hielt offenbar auf Dauer nicht Schritt mit der wissenschaftlichen Entwicklung ihres Mannes. Als sich das Paar unüberwindlich entfremdet hatte, schied allerdings der Mann freiwillig aus dem Leben.

In der Ehe der Habers und auch der Einsteins ist sicher eine Chance vertan worden. Das gilt vielleicht auch für die Ehrenfests. Denn offenbar hat für alle Wissenschaftlerpaare die enge intellektuelle Gemeinsamkeit bei der Forschung zumindest zeitweise, wenn nicht gar lebenslang eine kostbare Dimension ehelichen Glücks bedeutet.

Aber nicht nur das: In einigen Fällen hat die komplementäre Kraftanstrengung des Paares wissenschaftliche Erfolge oder auch fächerübergreifende Erkenntnisse herausgefordert, die keiner der beiden Beteiligten für sich allein hätte erreichen können. So führte Marie Curies Suche nach einem erfolgversprechenden, innovativen Dissertationsthema auch ihren Mann Pierre in die neue Disziplin der Radiochemie, in der er sich ohne diesen Anlaß vermutlich nie engagiert hätte. Auch Walter und Ida Noddack waren ein Forscherdoppel, dessen Stärke in der Gemeinsamkeit lag. Und Alva und Gunnar Myrdals frühes Werk befaßte sich mit der Rollenverteilung der Geschlechter und überbrückte die nach Geschlechtern getrennten Erfahrungen durch das spezielle Medium der Ehe. Wissenschaftlerpaare sind offensichtlich zusammen stets mehr gewesen als die Summe ihrer Einzeltalente. Oder wie der englische Sozialwissenschaftler Sidney Webb seinerzeit der widerstrebenden Beatrice Potter die Forscherehe schmackhaft zu machen versuchte: Wenn sie ihn schon nicht liebe, solle sie wenigstens kollegial mit ihm zusammenarbeiten – eins und eins gäben, wenn man sie richtig addiere, nicht zwei, sondern elf ...

Im Jahre 1903 teilte erstmals ein Ehepaar einen wissenschaftlichen Nobelpreis. Es waren Marie und Pierre Curie. Eine Generation später wiederholte ihre Tochter Irène zusammen mit dem Schwiegersohn Frédéric Joliot den Erfolg. Noch ein drittes Mal stand ein Forscherehepaar in Stockholm gemeinsam im Rampenlicht: 1947 erhielten Gerty und Carl Cori zusammen einen Medizin-Nobelpreis. Ida und Walter Noddack wurden immerhin in den dreißiger Jahren fünfmal hintereinander für einen gemeinsamen Chemie-Nobelpreis vorgeschlagen. Auch die Physik-Nobelpreisträgerin Maria Göppert-Mayer hatte einen Kollegen zum Mann, mit dem sie zeitweise zusammen arbeitete, wenngleich nicht in dem Bereich, für den sie später von der Schwedischen Akademie geehrt wurde. Ähnlich erging es Alva Myrdal, als sie 1982 zusammen mit dem Mexikaner Alfonso Garcia Robles für ihr Engagement bei der Abrüstung den Friedensnobelpreis bekam. Andere Auszeichnungen honorierten ihre gemeinsame Arbeit mit Gunnar Myrdal, so 1970 der Friedenspreis des Deutschen Buchhandels und 1981 der Jewaharlal-Nehru-Preis für internationale Verständigung.

Alle Forscherpaare heirateten nicht nur, weil sie sich zugetan waren, miteinander leben und eine Familie gründen wollten, sondern auch, weil sie gemeinsame wissenschaftliche Interessen hatten und zusammen arbeiten wollten. Sie waren nicht die einzigen Männer und Frauen mit solchen Ambitionen, auch wenn die Gelehrsamkeit zu zweit nicht immer von spektakulären Erfolgen gekrönt wurde und einige Paare sogar zweifelsfrei vorhandene Chancen vertan haben.

Interessant am Zusammenwirken von Wissenschaftlerpaaren war stets die Art, wie sich Mann und Frau die Forschungsarbeit und daraus erwachsenden Erfolg teilten und wer von ihnen nach außen hin in Erscheinung trat. Die Methoden reichten von geschlechtsneutraler Arbeitsweise bis zur patriarchalischen Instrumentalisierung der weiblichen Leistung und zum einverständlichen Plagiat, bei dem der Ehemann allein seinen Namen unter die gemeinsame Arbeit setzte. Die Praktiken zeigen die Machtunterschiede in Zweierbeziehungen.

In der Minderzahl scheinen Wissenschaftler wie der zweite Ehemann von Margaret Mead, der Anthropologe Reo Fortune. Er klagte nach der Eheschließung wohl nicht zu Unrecht, daß er nun nie mehr in der Lage sein werde, Bücher zu schreiben, die als ausschließlich von ihm stammend anerkannt würden. Offenbar wurden auch in Wissenschaftlerehen Frauen häufiger als Männer Opfer des sogenannten „Matthäus-Effektes". Der amerikanische Soziologe Robert K. Merton hat den Einfluß dieses Mechanismus überzeugend dargetan – nach dem Wort des Evangelisten: „Dem, der hat, dem wird gegeben." Danach finden Forscher, die bereits einen Namen haben, für ihre Arbeit größere Aufmerksamkeit als Neulinge. Das Schicksal der Neulinge scheint analog die Frauen zu treffen.

Die amerikanische Sozialwissenschaftlerin Margaret Rossiter münzte Mertons Überlegungen in einen „Matilda-Effekt" um. Demzufolge erntet ein männlicher Forscher als Ehemann bei wissenschaftlichem Team-Work mit einer Kollegin, seiner Ehefrau, den Löwenanteil der Anerkennung in der Fachwelt. Margaret Rossiter ist überzeugt davon, daß die mangelnde Anerkennung weiblicher Wissenschaftler ein geschlechtsspezifisches Problem und speziell ein Dilemma junger Forscherinnen ist. Sich einen Namen zu machen und sich durchzusetzen, bleibt unter diesen Umständen Utopie. Gegen solchen Automatismus läßt sich offenbar etwas tun. Marie und Pierre Curie etwa haben durch kluge Veröffentlichungspolitik, die allerdings auch mit ihrem divergierenden Temperament zu tun hatte, den Einfluß von „Matthäus-" und „Matilda-Effekt" für Marie minimiert.

Sozialwissenschaftler werden einige prominente Paare aus ihrer Disziplin in dieser Sammlung vermissen: Marianne Weber z.B. bekannt vor allem als rührige Witwe und Sachwalterin des berühmten Max und als Schwägerin des fast so berühmten Alfred, studierte als junge Professorengattin beim Kollegen ihres Mannes in Freiburg und machte sich bald als Frauenrechtlerin, Schriftstellerin und Salonnière einen Namen. 1907 erschien – nicht unwesentlich von Max unterstützt – ihre voluminöse Darstellung „Ehefrau und Mutter in der Rechtsentwicklung", in der sie heftig gegen die Frauenfeindlichkeit und den Patriarchalismus des neu kodifizierten Bürgerlichen Gesetzbuches zu Felde zog. Auch Dorothy Swaine Thomas, die als die erfolgreichste amerikanische Soziologin ihrer Generation gilt und viele männliche Mentoren kannte, heiratete einen Kollegen, nämlich William Thomas, den berühmten Nestor der amerikanischen Soziologie, mit dem sie bereits als Siebenundzwanzigjährige die Studie „The Child in America" verfaßt hatte. Weltberühmt als Koautoren der soziographischen Erfolgsstudie „Die Arbeitslosen von Marienthal" von 1933 sind auch Marie Jahoda und Paul Lazarsfeld. Die beiden jungen Österreicher waren drei Jahre miteinander verheiratet und hatten eine gemeinsame Tochter. Ihre private Bindung ging in die

Brüche, aber nach der getrennten Emigration in die USA arbeiteten beide als Sozialforscher wieder zusammen.

In allen Fällen hier handelt es sich um Doppel, in denen beide Teile das Potential zum wissenschaftlichen Austausch und zur Reziprozität mitbringen. Auch wenn die Paare verschiedenen Epochen, Ländern und Disziplinen entstammen und ihr Zusammenleben nicht immer glücklich endete, gibt es zumindest eine durchgängige Gemeinsamkeit: Sie alle sind Produkte der sozialen Mittelklasse und haben in ihrer Jugend liebevolle intellektuelle Förderung erfahren, die sie offen machte auch für die professionellen Belange ihres Partners.

Der meist nur geringe Altersunterschied mag den verständnisvollen bis gleichberechtigten Umgang speziell der Ehemänner mit ihren wissenschaftlich ambitionierten Frauen begünstigt haben. Nur zwei der hier anwesenden dreizehn Paare hatten den klassischen, großen Altersvorsprung des Mannes, der es nach konservativer Vorstellung als Ernährer der Familie zu Amt und Würden gebracht haben mußte, bevor er die Ehe mit einer jungen Frau eingehen konnte. Meist waren die Partner gleichaltrig oder die Frauen nur wenig jünger als ihre Männer, manchmal sogar ein paar Jahre älter als sie. Angesichts des gängigen Musters „Mann-älter-als-die-Frau" gelten Paare mit umgekehrter Altersdifferenz bis heute als wenig erwünschte Beziehungen. Die Wissenschaftlerpaare, die sich bewußt dieser Regelung widersetzten, zeigten auch in diesem Punkt Mut und Unabhängigkeit.

Nicht ohne den anderen

Der sichtbare Erfolg der Zusammenarbeit bei den Wissenschaftlerpaaren hing offenbar nicht von der Dauer ihrer Ehe ab. Ida Tacke und Walter Noddack heirateten erst im Jahr nach der Entdeckung des chemischen Elements Rhenium, das sie gemeinsam bekannt machte. Die Curies konnten nur zwölf Jahre zusammen leben und forschen und wurden trotzdem zum renommiertesten Forscherpaar aller Zeiten. Das Gegenbeispiel sind Gerty und Carl Cori, die mehr als drei Jahrzehnte mit vereinten Kräften geforscht haben, bis sie zusammen höchste Anerkennung in Stockholm fanden.

Beruf und Privatleben gingen bei einigen Paaren nahtlos ineinander über. Die Ehrenfests etwa verbrachten knapp ein Jahrzehnt als Privatgelehrte und arbeiteten ausschließlich zuhause. Auch als Paul Ehrenfest endlich einen Lehrstuhl in Leiden bekam, fanden seine dort neu eingerichteten Colloquien bei ihm daheim im gemeinsamen Wohn- und Arbeitszimmer statt. Umgekehrt verhielt es sich bei den Curies: Sie betrachteten das Labor als ihr eigentliches Zuhause und die Früchte ihrer Arbeit als genuine Kinder. Andere Paare wie Alva und Gunnar Myrdal oder Margaret Mead und Gregory Bateson machten ihre biologischen Kinder zum Gegenstand gemeinsamer wissenschaftlicher Forschung. Ein ganz besonderer Fall sind Kathleen und Thomas Lonsdale. Das englische Physiker-Paar hat trotz früher Zugehörigkeit zu demselben Forschungsinstitut und lebenslangem Engagement in der Wissenschaft nie gemeinsam wissenschaftlich gearbeitet, geschweige denn publiziert und blieb trotzdem über 43 Jahre aufs innigste intellektuell und wissenschaftlich verbunden.

Die Machtstrukturen in den betrachteten Wissenschaftlerehen waren sehr unterschiedlich. Die Nobelpaare und die jüngeren Wissenschaftler wie die Myrdals entwickelten Muster egalitären Zusammenlebens. Bei den Pionierpaaren gab es auf zweierlei Weise asymmetrische Beziehungen – solche, in denen der Mann, schon weil er zunächst der Lehrer war, das Verhältnis dominierte und die Frau nie oder erst nach seinem Tod aus seinem Schatten entließ, wie bei den Reiskes und den Kirchs, und auch solche, in denen die Frau von Beginn an als Zelebrität anerkannt war wie Laura Bassi und der Mann der honorige Appendix blieb. In einigen Verbindungen beendete die Heirat das wissenschaftliche Engagement der Frau. Asymmetrien entwickelten sich allerdings auch später, so z.B. bei den Ehrenfests, wo Paul Ehrenfests Berufung nach Leiden Tatyana mehr und mehr in die klassische Rolle der Professorengattin drängte, bei den Joliot-Curies, wo sich Irène vom dominanten Senior-Forschungspartner der Anfangszeit später zur eher traditionellen Ehefrau im Schatten eines brillanten Spitzenwissenschaftlers entwickelte, oder bei den Lonsdales, wo Thomas lange Jahre mit seiner Wissenschaft die Familie ernährte und sich schließlich vorzeitig pensionieren ließ, um seiner akademisch arrivierten Ehefrau den Rücken für ihr Engagement in Wissenschaft und Politik frei zu halten.

Die Beiträge in dieser Sammlung sind in fünf Biographien-Abschnitte geteilt, die natürlich keinen Anspruch auf historische Vollständigkeit erheben. Der 1. Teil umfaßt die Pionierpaare, die im 17. und 18. Jahrhundert mit gemeinsamer Forschung mehr oder weniger gezielt gänzlich Neues und Ungewöhnliches versuchten. Dann folgen die drei berühmten Paare, deren intensive wissenschaftliche Zusammenarbeit sich nicht nur in spektakulären Forschungsergebnissen dokumentierte, sondern auch einen gemeinsamen Nobelpreis einbrachte. Im Anschluß daran kommen drei weitere Paare, die ebenfalls lange Jahre erfolgreich und mit großer Begeisterung zusammen forschten, obwohl ihnen der Gipfel des Ruhms versagt blieb. Die Schattenseiten von Wissenschaftlerehen demonstrieren zwei Paare, die vorhandene Chancen für ein gemeinsames Forscherleben nicht nutzten und auch privat Schiffbruch erlitten. Die beiden letzten Paare sind deshalb von besonderem Interesse, weil sie Privatleben und Forschung mit ihren wissenschaftlichen Ambitionen verquickten und die Grenzen ihrer Fachdisziplinen überwanden.

Die dreizehn Paargeschichten beantworten jeweils auf ihre Weise die immer gleichen Fragen nach dem Verhältnis von Intimität und Kreativität, Hilfe und Behinderung, Gleichheit und Unterordnung, Anerkennung und Mißachtung in heterosexuellen Wissenschaftlerdoppeln. Eindimensionale Antworten bleiben aus, auch wenn manche Gemeinsamkeiten deutlich werden. Die private und die wissenschaftliche Symbiose dieser Paare öffnet zwangsläufig divergierende Einblicke in eine Vielfalt von Erfahrungshorizonten und Lebensmustern, Karrierestrategien und Konfliktlösungsmöglichkeiten. Die Asymetrien zwischen den Partnern und den Paaren haben dabei historische, soziale, psychische und situative Gründe. Jede Paargeschichte macht für sich deutlich, daß Zweierbeziehungen niemals statische Gebilde, sondern zeitlichen Veränderungen unterworfen sind.

Marie und Pierre Curie, Irène und Frédéric Joliot-Curie und Gerty und Carl Cori waren die ersten und bislang einzigen Wissenschaftler, die Nobelpreise nicht als Individuen, sondern gemeinsam als Ehepaar erhalten haben. Ida und Walter Noddack haben es immerhin geschafft, fünfmal zusammen in Stockholm nominiert zu werden, auch wenn der Preis dann an andere vergeben wurde. Die Biographien dieser Paare enthüllen ähnliche Lebens- und Karriere-Muster. So hatten alle Ehegatten zum Zeitpunkt der Heirat vergleichbare wissenschaftliche Qualifikationen. Pierre Curie war zwar acht Jahre älter als Marie Sklodowska und zum Zeitpunkt der Begegnung mit ihr schon ein anerkannter wissenschaftlicher Autor. Aber er schloß seine Promotion erst wenige Monate vor der Heirat ab. Bei der Tochter der Curies verhielt es sich umgekehrt: Irène war drei Jahre älter als Frédéric Joliot und als Tochter des berühmten ersten Nobel-Paares und Schülerin ihrer bedeutenden Mutter zum Zeitpunkt ihrer Heirat 1926 in der französischen Wissenschaft besser positioniert als ihr Mann. Aber die beiden hatten sich zwei Jahre zuvor in gleicher Assistenz-Funktion in Marie Curies Pariser Radium-Institut kennengelernt und seitdem zusammen gearbeitet. Gerty Radnitz und Carl Cori, die 1920 heirateten, begegneten sich bereits am Anfang ihres Medizin-Studiums als Kommilitonen im gleichen Semester. Sie lernten und studierten zusammen und begannen gemeinsam zu forschen, noch bevor sie ihr Examen machten. Auch Ida Tacke und Walter Noddack forschten und publizierten zusammen, längst bevor sie heirateten. Frühes Interesse an der Wissenschaft teilten auch die Myrdals, die sich trafen, als Alva noch die Schulbank drückte und Gunnar gerade Abitur gemacht hatte. Kathleen und Thomas Lonsdale fanden ihre erste bescheidene Forscherstelle beide als höhere Physik-Semester am University College in London.

Aber nicht nur die wissenschaftlichen Ausgangsbedingungen, auch der Grad beruflicher Eigenständigkeit der weiblichen Partner war bei den Nobel-Paaren vergleichbar: Sowohl Marie Curie wie auch ihre Tochter Irène hatten eigene, veröffentlichungsreife Projekte, bevor sie mit ihren Männern zusammenzuarbeiten begannen. Die Coris publizierten zwar schon als Medizin-Studenten gemeinsam, waren dann aber längere Zeit beruflich getrennt, bevor sie ihr Team-Work erfolgreich fortsetzten. Ida Tacke hatte sich in der Industrieforschung einen Namen gemacht, bevor sie mit Walter Noddack zusammenzuarbeiten begann. Unabhängige Forschung und eigene Publikationen bewahrten den weiblichen Teil der Nobel-Paare davor, in der gemeinsamen Sache der Person und der Leistung ihrer Ehemänner zugerechnet zu werden, und die vereinte Arbeit sorgte gleichermaßen für die wissenschaftliche Reputation beider Partner.

Alle Nobel-Paare waren von vornherein auf eheliche Zusammenarbeit eingestimmt, weil zumindest einer der beiden Partner wissenschaftliche Kollaboration aus seiner Herkunftsfamilie her kannte. Pierre Curie z.B. forschte anfangs mit seinem Vater zusammen, dann mit seinem Bruder und erst danach mit Marie Curie. Irène Joliot-Curie war Marie Curies Musterschülerin und von früher Jugend an zusammen mit ihrer Mutter tätig, bevor sie mit ihrem Mann zu arbeiten begann. Frédéric Joliot suchte sich schon als junger Mann wissenschaftliche Ersatzeltern: Er schnitt Bilder von Marie und Pierre Curie aus einem Magazin aus und heftete sie an die Wand seines behelfsmäßigen Labors. Als er heiratete, hängte er an seinen eigenen Namen den berühmten seiner Frau an. Auch Carl Cori lernte frühzeitig Team-Arbeit. Als kleiner Junge begleitete er seinen Vater auf Bootsexpeditionen, die der Marinebiologe in Triest unternahm.

Nicht nur ähnliche Qualifikationen und eine familiär erlernte Offenheit für die Arbeit des Partners, sondern auch komplementäre Eigenschaften begünstigten offenbar die Nobel-Paare in verblüffender Kontrastharmonie als wissenschaftliche Einheiten. So dankten die Curies ihren Erfolg sicher auch der ausgewogenen Balance ihrer durchaus unterschiedlichen Persönlichkeiten, Arbeitsweisen und Bindungen an Physik und Chemie. Während Pierre langsam an wissenschaftliche Probleme heranging, Wettbewerb scheute und sich wenig um Priorität kümmerte, setzte Marie

Ideen rasch in Experimente um und publizierte kühne Hypothesen. Bei den Joliot-Curies war es genau umgekehrt und klappte ebenso vorzüglich: Irène ähnelte im wissenschaftlichen Stil ihrem Vater, Frédéric Joliot mehr seiner Schwiegermutter. Auch Gerty und Carl Cori ergänzten sich offensichtlich. Carl Cori hat selbst davon gesprochen, daß seine und Gertys Bemühungen „weitgehend komplementärer Natur gewesen seien und einer ohne den anderen nie so weit gekommen wäre wie beide zusammen."

Bei allen Nobel-Paaren blieb die wissenschaftliche Partnerschaft mit dem Ehegatten bestimmend auch in Krisenzeiten. Die Curies verfolgten rigid, was sie den „anti-natürlichen Weg" nannten, und teilten ihre Zeit fast ausschließlich zwischen Wissenschaft und Familie auf. Irène Joliot-Curie widmete sich erst nach dem Nobelpreis und in den Wirren des 2. Weltkriegs, als sich Frédéric in der Résistance engagierte, verstärkt ihren beiden Kindern. Die Coris umschifften unermüdlich und immer wieder mit gemeinsamer Anstrengung die Hindernisse, die die wissenschaftliche Bürokratie Gertys Karriere und ihren Bemühungen um Zusammenarbeit entgegenstellte.

In einem Punkt allerdings unterscheiden sich die Nobelpaare grundlegend – in der Zeitdauer ihrer Zusammenarbeit: Bei den Curies waren es nicht zuletzt wegen des frühen Unfalltodes von Pierre nur 4 bis 5 gemeinsame Jahre, bei den Joliot-Curies zählte die Zeit – streng bemessen – ebenfalls nicht länger, weil das Paar dann getrennte berufliche Wege ging, obwohl es in der Sache lebenslang wissenschaftlich verbunden blieb. Im Gegensatz dazu forschten die Coris vierzig Jahre zusammen, bis ihr Zusammenleben mit Gertys Tod endete. Carl Cori fand in seinen beiden letzten Lebensjahrzehnten noch einmal eine Frau, mit der er seine Forschungsarbeit erfolgreich fortsetzen konnte – die New Yorker Genetikerin Salome Gluecksohn-Waelsch. Offenbar funktionierte das lange Jahre eingeübte Muster bei der Arbeit auch in diesem Fall vorzüglich. Geheiratet hat der Witwer Cori allerdings eine Dame, die mit der Branche nichts zu tun hatte, sondern nur seine privaten Interessen teilte. Auch ihr blieb er bis an sein Lebensende treu verbunden.

Das dritte Kapitel vereint Wissenschaftlerpaare, die sich gegenseitig tatkräftig unterstützt haben, auch wenn sie nicht ganz so berühmt wurden. Die Art ihrer partnerschaftlichen Zusammenarbeit ähnelte dabei zumindest zeitweise der der Nobel-Paare. Bemerkenswert scheint nicht zuletzt der Grad effizienter wissenschaftlicher Gleichberechtigung, den Tatyana und Paul Ehrenfest in den frühen Jahren ihrer Ehe entwickelten. Ihr gemeinsam verfaßter Artikel zur statistischen Mechanik in der Enzyklopädie der mathematischen Wissenschaften machte beide berühmt und verschaffte Paul Ehrenfest seinen Lehrstuhl in Leiden. In späteren Jahren allerdings hielt Tatyana nicht mehr Schritt mit den wissenschaftlichen Interessen ihres Mannes. Offenbar absorbierte vor allem der jüngste, behinderte Sohn die Energie der vierfachen Mutter. Auch bei den Noddacks war die Frau ohne nennenswerte berufliche Verankerung äußerst tüchtig und durchsetzungsfähig. Das kinderlose Paar arbeitete achtunddreißig Jahre mit unerhörtem Eifer und gegen alle Widrigkeiten zusammen.

Die Lonsdales stehen für die wenigen, bemerkenswerten Wissenschaftlerpaare, bei denen der Mann die eigene Tätigkeit vorzeitig aufgab, um seine erfolgreiche Frau zu unterstützen. Als die beiden Ende der zwanziger Jahre heirateten, verdiente noch Thomas Lonsdale als Physiker den Unterhalt. In dieser Zeit gelang es Kathleen, mit mageren Stipendien als Zustupf eben die Forschungen durchzuführen, die ihr am Ende der vierziger Jahre einen Lehrstuhl für Kristallographie am Londoner University College einbrachten. Gut ein Jahrzehnt später beendete Thomas Lonsdale früher als nötig seinen eigenen Berufsweg, um die Korrespondenz des Paares zum Pazifismus und zur Gefängnisreform zu übernehmen und Kathleen in ihren Pflichten als erste Präsidentin der International Union of Crystallography zu unterstützen.

Die beiden Paare im 4. Abschnitt begannen ihre Ehe im Himmel und endeten sie in der Hölle: Eigentlich hatten Mileva Marić und Albert Einstein ebenso wie Clara Immerwahr und Heinz Haber alle Chancen, nicht nur privat, sondern auch wissenschaftlich zu einer glücklichen Symbiose zu finden. Daß die Chance vertan wurde, das Leben zu zweit in die Brüche ging und zumindest das Dasein der beiden Frauen im Leid endete, hatte unterschiedliche Gründe. Bei den Einsteins verlor sich die intellektuelle Partnerschaft aus den gemeinsamen Studententagen im Jahrzehnt ihrer Ehe bis zur Trennung völlig. Es gibt keinen Beleg dafür, daß Mileva Marić in irgendeiner Form zu Einsteins berühmten Arbeiten zur theoretischen Physik beigetragen hat. Im Gegenteil spricht alles dafür, daß Mileva die Lust und das Interesse an der Physik verlor, als sie das zweite Mal durchs Diplom-Examen am Zürcher Polytechnikum gefallen war. Eine voreheliche Tochter und zwei Söhne nach ihrer Heirat zehrten offensichtlich an ihren Kräften, sodaß für Intellektuelles kein Raum mehr blieb. Einstein allerdings schien mit Milevas Rolle als Nur-Hausfrau durchaus einverstanden.

Ähnlich wie Mileva Marić wird Clara Immerwahr neuerdings von feministischer Seite als Fall kollektiver Gedächtnislosigkeit gegenüber wissenschaftlicher Eigenleistung von Frauen dargestellt. Clara Immerwahr war eine der ersten promovierten Chemikerinnen und mit Fritz Haber verheiratet. Auch bei ihr zerschlug sich die Chance zu einer Forscherehe mit gemeinsamer wissenschaftlicher Arbeit. Ein kränklicher Sohn, Repräsentationspflichten und Rücksichten auf einen Mann, der seine Karriere ehrgeizig vorantrieb, banden ihre Kräfte. Für die Behauptung, Immerwahrs Ehe und Leben seien an einem Konflikt mit ihrem Mann über dessen Entwicklung von Kampfgasen zerbrochen, gibt es allerdings keine tragfähige Grundlage.

Die Ehe zwischen Margaret Mead und Gregory Bateson ging ebenfalls in die Brüche, das aber erst nach einer produktiven gemeinsamen Phase. Die wohl bekannteste amerikanische Sozialwissenschaftlerin lernte ihren späteren Mann 1932 bei der Feldforschung in Neu-Guinea kennen und heiratete ihn, bevor sie vor Ausbruch des 2. Weltkriegs zu anthropologischen Studien nach Bali ging. Die Heirat gab dem Paar ein Privatleben in der Isolation ihrer Feldforschung und zugleich die Möglichkeit, Einsichten aus den verschiedenartigen anthropologischen Richtungen, die sie vertraten, in die untersuchte Problematik einzubringen. Das Resultat war ein gemeinsames Buch: „Der Balinesische Charakter". Aber die „Feld"-Ehe ließ sich nicht an andere Orte übertragen. Bereits im 2. Weltkrieg lebten Margaret Mead und Gregory Bateson getrennt, und 1950 wurden sie geschieden.

Auch Alva und Gunnar Myrdal ignorierten in ihrer gemeinsamen Arbeit Fach-Grenzen. Sie schrieben aus wissenschaftlich differierender Sicht ein gemeinsames Buch mit dem Titel: „Krise in der Bevölkerungsfrage". Alva kam von der Soziologie und Psychologie, Gunnar aus den Wirtschaftswissenschaften. Das Paar brachte in sein Buch die Erfahrungen ein, die es im eigenen ehelichen Zusammenleben gewonnen hatte.

Die meisten anderen, hier beschriebenen Wissenschaftler-Paare hielten gleichfalls nicht am überkommenen Schema von Ehe und Familie fest, sondern experimentierten mit neuen Ansätzen zum Zusammenleben und zur Erziehung der Kinder. Die Offenheit für neue Lösungen wurde vermutlich durch die soziale Randstellung der Beteiligten erleichtert: Viele von ihnen waren Immigranten, lebten im Ausland oder hatten einen differierenden ethnischen Hintergrund. Religiöse Bindungen gab es kaum, dafür Religionsaustritte, Freidenkertum und den Hang zum Liberalismus. Das alles erleichterte sozialen Nonkonformismus und den Mut zum Innovativen auch im Privatleben.

Vor allem ihre Bildung und Ausbildung und die gemeinsamen intellektuellen Interessen brachten und hielten die Wissenschaftlerpaare zusammen. Die Öffnung der europäischen Universitäten auch für weibliche Studenten am Ende des 19. Jahrhunderts führte manche Paare schon als Studenten zusammen. Einige der künftigen Wissenschaftlerfrauen waren dabei weit gereist, um ihre Studienwünsche realisieren zu können, oder gehörten zu den weiblichen Pionieren an diesem Ort in ihrem Fach.

Vom akademischen Grad zum Professorentitel schaffte es im Gegensatz zu ihren Männern nicht einmal die Hälfte der hier beschriebenen Wissenschaftlerfrauen. Nepotismusregeln oder ideologische Hürden machten ihnen das Berufsleben und die Karriere zusätzlich schwer. Die Fallgeschichten speziell der Pionier- und der Nobel-Paare, aber auch die Biographien von Tatyana Ehrenfest und Ida Noddack zeigen, wie sinnlos es ist, die Anerkennung der wissenschaftlichen Leistung der Frauen an deren beruflicher Verankerung messen zu wollen. Keine der Ehefrauen in dieser Sammlung, nicht einmal die Nobel-Frauen, allenfalls vielleicht Irène Joliot-Curie dank der wissenden Vorsorge ihrer Mutter, entgingen völlig dem Muster der benachteiligten Beschäftigung und der mangelnden Anerkennung von Frauen in der Wissenschaft. Die Doppelbiographien der Ehepartner mit vergleichbarer Ausbildung und gleichrangigen wissenschaftlichen Talenten erweisen das immer wieder.

Marie Curie wurde erst nach Pierres Tod zum Professor berufen, und das nicht ohne Schwierigkeiten. Irène Joliot-Curie gelangte nach dem Nobelpreis auf denselben Lehrstuhl, den erst ihr Vater und dann ihre Mutter innehatten. Frédéric wurde ans

Collège de France berufen und konnte aus dieser einflußreichen Position heraus drei Laboratorien aufbauen. Gerty Cori war lange in Stellungen beschäftigt, die ihrer Qualifikation nicht entsprachen, und erhielt erst mit 51 Jahren einen Lehrstuhl für Biochemie. Die fehlenden Lehrverpflichtungen und administrativen Aufgaben setzten sie – ähnlich wie Kathleen Lonsdale – immerhin viele Jahre in den Stand, sich voll und ganz auf ihre wissenschaftliche Forschung zu konzentrieren. Aber der Umstand, daß ihr Mann allein das Familieneinkommen verdiente, machte sie wie auch andere Wissenschaftlerfrauen ökonomisch und geographisch abhängig. Lediglich Tatyana Ehrenfest entging ein knappes Jahrzehnt lang solchen Fesseln, als ihr Mann keine akademische Anstellung fand. Denn sie verfügte aus ihrem Erbe über eigenes Einkommen und konnte ihre Heimatstadt St. Petersburg zum Wohnort der Familie bestimmen, wo sie zwangsläufig einen Platzvorteil hatte. Als einzige Wissenschaftlerin kannte Margaret Mead die Bürde der Abhängigkeit vom Berufsstandort des Mannes nicht: Sie verfolgte ihre eigene Karriere ohne Rücksicht auf die Belange ihrer drei Ehen. Alva Myrdal ignorierte zumindest in späteren Jahren, wo ihr Mann beruflich gebunden war. Allerdings wäre ihre Ehe und Familie darüber fast zerbrochen.

Immerhin brachten es 5 der hier verhandelten 13 Wissenschaftlerfrauen zu einem vollen Ordinariat: Laura Bassi, Marie Curie, Irène Joliot-Curie, Gerty Cori und Kathleen Lonsdale. Nur die Laufbahn von Irène Joliot-Curie entspricht dabei in ihrer ununterbrochenen, gleichmäßigen Entwicklung der eines Mannes in vergleichbarer Lage.

Neben den Nobel-Preisen begünstigten historische Ereignisse und nationale Besonderheiten den akademischen Erfolg von Wissenschaftlerfrauen. So eröffnete der 2. Weltkrieg neue Lehr- und Forschungsmöglichkeiten für Frauen an den Universitäten, wovon zumindest Kathleen Lonsdale profitierte, und die französische Vorliebe für Wissenschaftler-Dynastien half sowohl den Curies als auch den Joliot-Curies in den Sattel. Durch multinationale Zusammenarbeit taten sich Chancen im Wissenschaftsmanagement internationaler Organisationen auf, die beispielsweise Alva Myrdal rund um die Welt führten. Marie Curie wie auch Kathleen Lonsdale fanden ihr Arbeitsfeld auf Pionier-Gebieten, wo die Konkurrenz von Männern noch nicht so stark war oder Frauen eher akzeptiert wurden. Das galt auch für Alva Myrdal in den Sozialwissenschaften und für Margaret Mead in ihrer speziellen Art der Anthropologie.

Daß Marie Curie zu einem Lehrstuhl kam, lag leider auch an dem tragischen Tod ihres Mannes, der Inhaber dieser Professur gewesen war. Kathleen Lonsdale hatte nicht nur einen ungewöhnlich kooperativen Ehemann, sondern mit Sir William H. Bragg auch einen einflußreichen wissenschaftlichen Gönner in der Kristallographie. Ähnlich wie Bragg spielten auch bei anderen Wissenschaftlerpaaren Dritte für das Fortkommen besonders der Frauen eine bedeutsame Rolle.

Das galt nicht zuletzt im privaten Bereich. Ohne die tatkräftige Hilfe ihres Schwiegervaters Eugène Curie hätte Marie Curie nach dem Tod ihres Mannes kaum als alleinerziehende Mutter bestehen können. Andererseits brachte die Aversion der Eltern Albert Einsteins gegen die nichtjüdische Mileva Marić von Anfang an Probleme für das junge Paar und begünstigte später ohne Zweifel die Trennung. Auch Carl Coris Eltern waren nicht begeistert von der Ehe des Sohnes. Denn sie fürchteten, die jüdische Herkunft der Schwiegertochter könnte der Karriere ihres Sohnes schaden. Die Emigration des Paares nach den USA löste das Problem.

Die Geburt von Kindern komplizierte naturgemäß vor allem das Leben der Frau bei den Wissenschaftlerpaaren. Dennoch verzichteten nur zwei der hier versammelten Paare gänzlich auf Nachwuchs, und das vielleicht nicht freiwillig – die Reiskes, bei denen der Altersunterschied sehr groß und der Mann sehr bald krank war, und die Noddacks, bei denen nicht bekannt ist, warum sie keine Kinder hatten. Kinder kosten Zeit, und Ida Noddacks üppige Publikationsliste zeigt, wozu die Chemikerin ihre Zeit nutzte. Im Kontrast dazu die Lebensgeschichten von Mileva Marić und Clara Immerwahr und die späteren Jahre von Tatyana Ehrenfest: Ungewöhnliche Belastungen im Zusammenhang mit Kindern wie voreheliche Schwangerschaften, dauerhafte Krankheiten oder ernste Behinderungen beschränkten bei ihnen nachhaltiger als alle anderen Einflüsse ihre weibliche Ambitionen in der Forschung.

Die Coris, Mead-Bateson und Immerwahr-Haber hatten ein Kind, die Curies und die Joliot-Curies zwei, Winkelmann-Kirch, die Lonsdales, die Einsteins und die Myrdals drei, die Ehrenfests vier und Bassi-Verati der Epoche gemäß sogar acht, von denen fünf groß wurden.

Großbürgerliche Lebensverhältnisse im Falle von Bassi-Verati, familiärer Rückhalt und Hilfe durch die Ursprungsfamilien bei den Curies, Ehrenfests und Lonsdales erleichterten nicht nur die praktischen Probleme, sondern stärkten den Wissenschaftler-Paaren den Rücken für alternative Lebensstile und Doppel-Karrieren, für die nicht wenige Pioniere waren. Daß nicht immer alles schön war, was vermeintlich glänzte, zeigen die vehementen Klagen über pädagogische Vernachlässigung, denen die Eltern Myrdal von Sohn und jüngster Tochter in mehreren spektakulären Büchern ausgesetzt wurden.

Trotz aller Schwierigkeiten und Anstrengungen in ihrem Leben haben erfolgreiche Wissenschaftlerpaare immer wieder beschrieben, wie glücklich es sie gemacht hat, nicht nur im Privatleben, sondern auch in der Arbeit mit einem ebenbürtigen Partner verbunden gewesen zu sein. Marie Curie hat bis an ihr Ende die strapaziösen Jahre härtester Arbeit im windigen Schuppen der Ecole municipale, in denen sie – von der Wirklichkeit des Radiums überzeugt – das neue Element in unendlich langen Trennungsprozessen aus der Pechblende isolierte, als die beste und glücklichste Zeit ihres Lebens gerühmt.

Es war die Phase höchster Kreativität in ihrem Leben, und sie wie alle anderen, hier beschriebenen Spitzenwissenschaftler, die mit einem Partner gemeinsame Sache in der Forschung machten, mußte in dieser Zeit keine berufsbedingten, langen Trennungen in Kauf nehmen, sondern konnte fast ohne Unterlaß Tisch, Bett und Arbeit mit ihrem Mann teilen.

Marie und Pierre Curie jedenfalls waren 12 Jahre lang – von ihrer Heirat bis zu Pierres Unfalltod – aufs engste auch räumlich miteinander verbunden. Irène und Frédéric Joliot-Curie fanden im Pariser Radium-Institut zueinander und blieben dort ein halbes Jahrzehnt auch in der Arbeit vereint. Ida Tacke und Walter Noddack arbeiteten 36 Jahre unter einem Dach. Bei Gerty und Carl Cori schließlich dauerte die berufliche Gemeinsamkeit sogar volle vier Jahrzehnte, und nur der 1. Weltkrieg und die separate Emigration in die USA erzwangen Monate der lokalen Trennung. Es scheint fast so, als gehorche der Erfolg von Wissenschaftlerpaaren manchmal ähnlichen Regeln wie das klassische griechische Drama – der Einheit von Ort, Zeit und Handlung.

Pioniere

Maria Winkelmann und Gottfried Kirch

Als im Jahre 1709 der dänische Botschafter am Hof Friedrichs I. in Berlin der Königlichen Sternwarte einen Besuch abstattete, traf er dort ganz unzeitgemäß auch eine Frau, die Quadrant, Pendel und Teleskop vortrefflich zu handhaben verstand und mit ihm angelegentlich über die Sterne und ihre Bahnen plauderte. Tief beeindruckt rühmte er später die himmelskundige Maria Winkelmann für die Hilfe und Unterstützung, die sie ihrem Mann, dem Astronomen Gottfried Kirch, bei dessen Arbeit an der Berliner Akademie der Wissenschaften angedeihen ließ.

Madame Kirch war kein Einzelfall. Zwischen 1650 und 1750 gab es in Deutschland noch mehr fähige Astronominnen, so Maria Cunitz, Elisabeth Hevelius, Maria Eimmart und schließlich Maria Winkelmanns Töchter Christine und Margarethe. Daß Astronomie damals nicht allein Männersache war, hatte damit zu tun, wie astronomische Forschung Ende des 17. Jahrhunderts hierzulande betrieben wurde. Sie war als eine Art gehobenes Handwerk organisiert, und das gab Ehefrauen und Töchtern die Chance zur Teilnahme, so als handele es sich um ein Gewerbe und nicht um Wissenschaft. Die Sternwarten, in denen sie arbeiteten, waren in Familienbesitz, und ihre Väter und Ehemänner lernten sie an und machten sie zu Gehilfinnen und Mitarbeiterinnen.

Zu den bekanntesten Astronominnen dieser Zeit arrivierte Maria Winkelmann (1670–1720), die Ehefrau und Assistentin des Astronomen Gottfried Kirch (1639–1710). Sie war talentiert im Beobachten der Sterne und im Berechnen von astronomischen Konstellationen und arbeitete zusammen mit ihrem Mann zehn Jahre lang als Hilfsastronomin für die preußische Akademie der Wissenschaften. Nach dem Tod von Gottfried Kirch allerdings war ihre Karriere zuende. Sie scheiterte kläglich, als sie versuchte, den Familienbetrieb der Kalenderproduktion als unabhängige Meisterin alten Stils weiterzuführen, und um Übernahme in die vakante Stelle ihres verstorbenen Mannes bat. Die Akademie traf ihre Personalentscheidungen ohne Rücksicht auf Familientradi-

Gottfried Kirch (1639–1710)

tionen oder Zunftregeln. Im Zuge solcher Professionalisierung hatten Seiteneinsteiger und vor allem Frauen nicht länger eine Chance.

An Bildung, Erfahrung und Können fehlte es Maria Winkelmann für ihre Bewerbung nicht. Die evangelische Pfarrerstochter aus Panitzsch bei Leipzig war von Kindesbeinen an in den Künsten und Wissenschaften unterwiesen worden, zunächst vom Vater, nach dessen Tod vom Onkel. Die Astronomie lernte sie von einem Freund der Familie, dem Autodidakten Christoph Arnold aus dem nahen Sommerfeld. Er leitete sie zur konkreten Beobachtung des Himmels an und machte sie nach ein paar Jahren zu seiner Assistentin.

In Arnolds Haus traf Maria Winkelmann ihren künftigen Ehemann Gottfried Kirch. Der gut dreißig Jahre ältere Wissenschaftler war zum Zeitpunkt ihrer ersten Begegnung bereits eine Berühmtheit. Ein Jahrzehnt zuvor hatte er allgemein Aufsehen erregt, als er einen Kometen entdeckte. Kirch brachte solide theoretische und praktische Voraussetzungen für die Astronomie mit. Er hatte an der Universität Jena Mathematik studiert und anschließend im privaten Observatorium des Danziger Astronomen Johannes Hevelius gearbeitet.

Maria Winkelmanns Onkel, der bei ihr Vaterstelle vertrat, hätte es lieber gesehen, wenn sein Mündel den jungen lutherischen Geistlichen geheiratet hätte, den er für sie ausgesucht hatte. Die junge Frau setzte jedoch ihren Kopf durch und ehelichte den mehr als doppelt so alten Astronomen. Die Ehe mit Kirch verhieß beruflichen Aufstieg, denn nun konnte sie als Assistentin eines sehr renommierten Gelehrten arbeiten.

Auch Kirch war über die Verbindung glücklich. Als Witwer fand er in der jungen Maria Winkelmann die passende zweite Frau, die sich nicht nur um seinen Haushalt kümmerte, sondern ihm auch im Observatorium geschickt und gern zur Hand ging. Sie teilte sich mit ihm in seine Himmelbeobachtungen, half ihm bei seinen Rechnungen und fertigte mit ihm zusammen die Kalender an, mit denen er hauptsächlich seinen Lebensunterhalt verdiente.

Vom Mai des Jahres 1700 an war die wirtschaftliche Basis der Kirchs noch solider. Gottfried Kirch wurde bei der neuen Berliner Akademie der Wissenschaften als erster Astronom angestellt. Seine Frau half ihm auch dort tatkräftig bei der Arbeit, ohne allerdings selbst offiziell angestellt zu sein. Sie verrichtete dabei keineswegs nur Handlangerdienste, sondern arbeitete selbständig und mit sichtbarem Erfolg. Jeden Abend um neun setzte sie sich ans Teleskop, um den Himmel zu beobachten. Am 22. April 1702 um zwei Uhr in der Nacht, als alle längst schliefen, sah sie einen unbekannten Kometen. Sie weckte sofort ihren Mann, der bestätigte, was sie wahrgenommen hatte. Kirch hatte die Nächte zuvor selbst das Firmament beobachtet, ohne daß ihm eine Veränderung aufgefallen war, und er gestand seiner Frau neidlos zu, daß sie den bessern Blick gehabt hatte.

Maria Kirch schrieb ihre Entdeckung in akkurater Tintenschrift fein säuberlich nieder. Zweihundert Jahre später veröffentlichte ein fleißiger Wissenschaftshistoriker ihren Bericht im Faksimile im Jahrbuch der Preußischen Akademie der Wissenschaften. Die Nachricht von der Entdeckung des Kometen allerdings machte schneller die Runde. Sie wurde umgehend dem König gemeldet – als erstes spektakuläres Ergebnis der jungen Berliner Akademie. Den Bericht über das Ereignis für den König und für das zeitgenössische Fachorgan „Acta eruditorum" zeichnete jedoch nicht Maria Winkelmann, sondern Gottfried Kirch. Damit heimste Kirch als anerkannter Entdecker des großen Kometen im Jahre 1680 auch den Ruhm für die Neuentdeckung von 1702 ein.

Wurde also Maria Winkelmann schon vor dreihundert Jahren Opfer des heute unter Wissenschaftlern sattsam bekannten „Matthäus-Effektes", der Ruhm und Anerkennung für Neues bei solchen Forschern kumuliert sieht, die sowieso schon darüber verfügen? Geriet Maria Winkelmann gar in die Rolle der „Matilda", deren geistiges Eigentum in unbilliger Weise dem Ehemann zugeschlagen wurde, weil der an ihrer Stelle in Erscheinung trat? Wissenschaftssoziologen könnten zu dieser Interpretation neigen.

Doch Maria Winklmanns publizistische Zurückhaltung und ihr fehlendes Bemühen, das Recht an ihrer Entdeckung in der Öffentlichkeit zu behaupten, hatten vermutlich trivialere technische Gründe: Sie konnte nicht genug Latein, um ihren Bericht in der damals üblichen wissenschaftlichen Umgangssprache abzufassen, und sie hätte auch ohne Gottfried Kirchs Beistand ihre Entdeckung kaum erhärtet. Nachdem sie den Kometen in der Nacht vom 21. April bemerkt hatte, verbrachten sie und ihr Mann die beiden folgenden Wochen damit, seine Bahn zu beobachten, um ihrer Sache sicher zu sein. Wie üblich teilten sie sich dabei in die nächtliche Arbeit, damit die Kette ihrer Beobachtungen nicht abriß. Zeitweilig saßen sie auch gemeinsam am Teleskop, um nebeneinander die Vorgänge zu erfassen, die einer allein nicht gleichzeitig im Auge behalten konnte.

So erwarben beide Kirchs den Anspruch auf den neuen Kometen, und es wäre angemessen gewesen, wenn Gottfried Kirch seinen Bericht unter beider Namen und mit genauen Angaben über den Verlauf der Entdeckung veröffentlicht hätte. Vielleicht fürchtete er um den Erfolg der Sache und hatte deshalb Bedenken, den Anteil seiner Frau an der gemeinsamen Arbeit öffentlich einzugestehen. Irgendjemand muß ihm später den Rücken gestärkt haben. Jedenfalls wurde der Kometenbericht 1710, acht Jahre nach der Erstveröffentlichung, im ersten Band der „Miscellanea Berolinensia", dem Mitteilungsblatt der Berliner Akademie, erneut abgedruckt, und diesmal begann Kirch seinen Artikel unmißverständlich mit den Worten: „Meine Frau sichtete am 21. April 1702 unerwartet einen Kometen."

Auch wenn der eigentliche Ruhm als Himmelskundler ihrem Mann zufiel, bewegte sich Maria Winkelmann selbstbewußt in den intellektuellen Zirkeln um die Berliner Akademie und suchte auf ihre Weise, die Sache der Astronomie voranzutreiben. Nach ihrem Verständnis meinte das vor allem, ihre privaten astronomischen Arbeitsbedingungen zu verbessern und dafür der Akademie und den königlichen Geldtöpfen zusätzliche Mittel zu entlocken. Um sich und ihrem Mann eine Wohnung zu verschaffen, in der sich ihr gemeinsames Laboratorium besser unterbringen ließ, schrieb sie im November 1707 sogar an Wilhelm Leibniz, den amtierenden Präsidenten der Akademie. Sie war geschickt genug, nicht gleich mit der Tür ins Haus zu fallen, sondern erst nach einem ausführlichen Vortrag über die von ihr beobachteten Nordlichter zu ihrem eigentlichen Anliegen zu kommen. Leibniz zeigte Interesse an ihren Beobachtungen, und in den nächsten Jahren entwickelte sich eine fortlaufende Korrespondenz zwischen der Sternguckerin und dem Philosophen. Seine Briefe sind zwar nicht erhalten, aber die Briefe der „Kirchin" liegen wohlverwahrt im Leibniz-Archiv. 1709 stellte Leibniz Maria Winkelmann sogar am preußischen Königshof vor, wo sie über ihre Studien von Sonnenflecken berichten durfte.

Auch wenn sie den Kometen-Artikel 1702 ihrem Mann überlassen hatte, scheute Maria Winkelmann nicht eigene Veröffentlichungen. Zwischen 1709 und 1711 verfaßte sie drei astronomische Mitteilungen unter ihrem Namen. Alle drei Traktate verrieten deutliches Interesse an astrologischen Fragen. Geschadet hat es der Astronomin offenbar nicht, daß sie nicht nur die seriöse Wissenschaft im Auge hatte, sondern auch auf Wunsch Horoskope erstellte.

Astronomie und Astrologie verbanden sich im übrigen auch in den Kalendern, die das Ehepaar auftragsgemäß für die Berliner Akademie der Wissenschaften erarbeitete. Das Alleinrecht zum Verkauf solcher Kalender war neben der Seidenproduktion eine der beiden Monopoleinkünfte, mit denen der König die Akademie ausgestattet hatte. Die Kalender brachten der Akademie viel Geld ein. Sie gaben astronomisch korrekt die Positionen von Sonne, Mond und Planeten an. Dazu erteilten sie allerlei Ratschläge für das tägliche Leben, sagten die beste Zeit zum Haareschneiden und Aderlassen, zum Kinderzeugen, Säen und Holzschlagen voraus und machten auch Prognosen für das Wetter. Zu letzterem Zweck führten die Kirchs fortlaufende Wetter-Tagebücher. Maria Winkelmann notierte viele Jahre lang täglich die Werte von Luftdruck und Temperatur, um zu vergleichenden Beobachtungen und damit zu größerer Genauigkeit in der Voraussage zu kommen.

Als Gottfried Kirch im Juli 1710 mit einundsiebzig Jahren starb, stand plötzlich das pünkliche Erscheinen des nächsten Akademie-Kalenders in Frage. Maria Winkelmann bewarb sich umgehend um Kirchs freie Stelle. Sie verwies auf ihre astronomischen Erfahrungen und ihre langjährige Qualifikation. Sie schrieb sogar, daß sie während der Krankheit ihres Mannes die vergangenen Akademie-Kalender bereits selbständig hergestellt und unter Gottfried Kirchs Namen veröffentlicht habe.

Auch Leibniz' Fürsprache war umsonst: Maria Winkelmann erhielt die vakante Stelle nicht, obwohl sie eineinhalb Jahre erbittert darum kämpfte. Warum die Akademie sie nicht offiziell beschäftigen wollte, nachdem es viele Jahre lang inoffiziell geschehen war, hat sie nie erfahren. Ausschlaggebend war vermutlich nicht ihr formal fehlender Universitätsabschluß, sondern die Angst, mit ihrer Anstellung einen Präzedenzfall für die Beschäftigung anderer Frauen in solchen Positionen zu schaffen. Die Akademie entledigte sich der unliebsamen Kandidatin vermeintlich generös: Sie kaufte der mittellosen Witwe für 40 Taler die Notizbücher ihres Mannes ab und ließ sie und ihre Kinder noch eine Weile in Kirchs Dienstwohnung bleiben.

Den Zugang zum Observatorium allerdings verweigerte die Akademie Maria Winkelmann. Die Astronomin gab ihr Metier trotzdem nicht auf. Fortan benutzte sie wieder die private Sternwarte des Barons Frederick von Krosigk. Dort hatten ihr Mann und sie während der langen Jahre gearbeitet, als das Observatorium der Akademie gebaut worden war. Sie führte ihre täglichen Beobachtungen weiter und veröffentlichte ihre Berichte. Sich und die Kinder ernährte sie, indem sie wie gewohnt Kalender fertigte – nun für die Städte Breslau und Nürnberg.

Als von Krosigk starb, ging sie für zwei Jahre als Assistentin zu einem Mathematik-Professor nach Danzig. 1716 hatte ihr Sohn sein Astronomie-Studium in Leipzig beendet und bekam eine Anstellung als Beobachter in der Sternwarte der Preußischen Akademie. Maria Winkelmann folgte ihm mit den Töchtern zurück nach Berlin und gelangte so durch die Hintertür wieder an ihre ehemalige Wirkungsstätte, wo sie erneut den Himmel beobachtete und Kalender fertigte, diesmal als Gehilfin ihres Sohnes.

Den Akademie-Oberen war ihr Tun allerdings bald ein Dorn im Auge. Sie wurde angehalten, sich mehr im Hintergrund zu halten, um den Ruf ihres Sohnes nicht zu schädigen. 1717 wurde sie offiziell vom Akademiegelände verbannt. Sie setzte ihre Beobachtungen zu Hause fort – mit wenigen wissenschaftlichen Instrumenten, was kaum mehr Ergebnisse brachte. Drei Jahre später starb Maria Winkelmann an einem Fieber. Ihre Hoffnung, daß sich ihre Töchter Christine und Margarethe als Astronominnen besser durchsetzen würden, erfüllte sich nicht.

Beide Kirch-Töchter waren vom zehnten Lebensjahr an von den Eltern in Astronomie unterrichtet worden und lebten und arbeiteten später als unsichtbare Helferinnen ihres unverheirateten Bruders Christfried. Weder Christine noch Margarethe bewarb sich jemals um eine offizielle Anstellung. Als Christfried Kirch 1740 starb, mußten die Schwestern die Astronomie aufgeben. Wie seinerzeit ihre Mutter hatten sie nun keine Gelegenheit mehr, die Sternwarte der Akademie zu benutzen. Die Astronomie war nicht länger ein Gewerbe, sondern eine etablierte Wissenschaft.

Laura Bassi und Guiseppe Verati

„Die Landluft hat sie einiges zunehmen lassen, und es scheint mir, daß man jetzt auch Brüste sähe, wo vorher noch nicht einmal ein Anzeichen dafür war, und die Philosophie will diese auch groß haben, da sie es ist, die die Milch für alle anderen Wissenschaften gibt." Was für heutige Ohren anzüglich klingt, hat der Bologneser Literat Giampietro Zanotti allegorisch und als Kompliment gemeint. Denn er schrieb im August 1732 über ein philosophisches Wunderkind an der ältesten Universität Italiens, der frisch promovierten Dottoressa Laura Maria Caterina Bassi (1711–1778), die bald zur ersten Universitätsprofessorin Europas avancierte. Die junge Dame machte eine verblüffende wissenschaftliche Karriere zu einer Zeit, als intellektueller Ehrgeiz für Frauen noch die Ausnahme war. Ihre Lebensgeschichte ist eine authentische weibliche Erfolgsstory aus der hochkultivierten Gelehrtenwelt Bolognas im 18. Jahrhundert. Den steilen Aufstieg zu ungeahnten akademischen Meriten dankte Laura Bassi wohl vor allem ihrem unerschrockenen Mut, mit dem sie sich über das gängige zeitgenössische Frauenbild hinwegsetzte. Dabei half der Italienerin offenbar ein beträchtlicher Charme, durch den sie einflußreiche Männer zu ihren Gönnern und ihr eigenes Fortkommen zum Anliegen ihrer Heimatstadt zu machen verstand. Der Engländer Charles Burney, der Bassi auf seiner Italienreise kennenlernte, war nur einer von vielen Männern, der schwärmte: „Obwohl gebildet und genial," sei sie „nicht im geringsten unweiblich oder anmaßend."

1711 als Tochter eines Anwalts geboren und als einziges Kind aufgewachsen, lernte Laura Bassi schon als Fünfjährige von ihren Vettern Latein. Mit acht beherrschte sie komplett die lateinische Grammatik und parlierte flüssig in der alten Sprache. Von ihrem dreizehnten Lebensjahr an nahm sie Unterricht in Philosophie – bei dem Universitätsprofessor Gaetano Tacconi, dem Hausarzt der Familie. Er brachte ihr Logik, Metaphysik und Naturphilosophie bei und vor allem, wie man wissenschaftliche Streitgespräche führt.

Brillante Disputationen in kleinerem und größerem Kreis machten damals die Essenz des gesellschaftlichen Lebens in der Universitätsstadt Bologna aus. Professor Tacconi präsentierte die rhetorischen Talente seiner begabten Schülerin zunächst bei privaten Empfängen in Bassis Elternhaus. Am 17. April 1732 inszenierte er im Prunksaal des Rathauses von Bologna für seinen Schützling erstmals ein öffentliches Rede-Turnier. Mit einer klugen, jungen Frau als Kontrahentin war das eine Sensation. Alle Senatoren und der komplette Ältestenrat der Stadt, dazu der Erzbischof und der päpstliche Gesandte waren zugegen, als sieben gestandene Mitglieder der Akademie der Wissenschaften die Zwanzigjährige und ihre 21 naturwissenschaftlichen und philosophischen Thesen ins Kreuzfeuer nahmen. Ihr furchtloser, gewandter Auftritt geriet der jungen Disputandin zum einzigartigen Triumph: Die Stadt feierte Laura Bassi als Reinkarnation der antiken Weisheitsgöttin Minerva und honorierte sie mit einem Doktorhut.

Die Verleihung der Doktorwürde an Laura Bassi blieb in Bologna lange in Erinnerung, weil sie vor allem durch das Zeremoniell Aufsehen erregte: Inmitten eines Festzugs von 18 Kutschen wurde die junge Frau von der Universität zum Rathaus gefahren, um dort in einem festlichen Schauspiel nach mehreren Ansprachen mit den Insignien der Doktorwürde ausgezeichnet zu werden. Begeisterte Mitbürger überboten sich im Verfassen von Gelegenheitsgedichten, in denen immer wieder das Wortspiel von LAURA und dem italienischen Wort von Doktorprüfung LAUREA oder LAUREAZIONE variiert wurde.

Wenig später wurde Laura Bassi auch noch in die Akademie aufgenommen und das mit einem beträchtlichen Gehalt. Vom Studienjahr 1732/33 ab taucht sie im Vorlesungsverzeichnis der Universität Bologna als Professorin für Philosophie auf. An regelmäßige Vorlesungen dachte dabei niemand. In der Ernennungsurkunde hieß es ausdrücklich, daß sie wegen ihres Geschlechts nur dann lehren dürfe, wenn dies vom Magistrat ausdrücklich angeordnet werde. Solche Anordnungen kamen nur sehr sporadisch. Die frischgebackene Professorin sollte lediglich ab und an für Disputationen mit illustren Gästen von auswärts zur Verfügung stehen und ihr verbales Können zum Ruhme der Stadt demonstrieren.

Laura Maria Caterina Bassi (1711–1778)

Sechs Jahre lang spielte Laura Bassi die Rolle der gelehrten Frau, die man von ihr erwartete. Die Gelegenheitsrolle einer wortgewandten Galionsfigur war ihr dabei offenbar zu wenig. Durch Selbststudium vertiefte sie ihre Kenntnisse in Mathematik und Physik. Vor allem aber lud sie zu Kollegs ins elterliche Haus ein und führte dort Experimente zu ihren physikalischen Thesen vor.

Als sie 26 Jahre alt war, enttäuschte sie viele ihrer Bewunderer durch einen Schritt, der so gar nicht in das Bild paßte, das man sich von ihr machte. Da sich das Gerede mehrte, sie lehre nur zuhause, um ungeniert Herrenbesuch empfangen zu können, beendete sie kurzerhand die keusche Rolle der gelehrsamen Jungfrau und heiratete. Ihre Wahl fiel auf den Jungmediziner Guiseppe Verati (1707–1793). Die Verbindung wurde von vielen als Mesalliance angesehen. Warum sich Laura Bassi für ihn entschied, schrieb sie frank und frei zwei Monate nach ihrer Hochzeit: „Und deswegen habe ich eine Person ausgesucht, die dieselbe Straße der Gelehrsamkeit wandelt und von der ich aus langer Erfahrung wußte, daß sie mich nicht davon abbringen würde." Auf Anwürfe, schon ein Jahr vorher hätten optische Experimente „im Dunkeln mit der konstanten Assistenz des Sig. Dott. Verati" an eine bevorstehende Hochzeit denken lassen, konterte sie gelassen: Sie sei zu jenem Zeitpunkt noch „sehr weit von dem Wissen entfernt gewesen, auf wen meine Wahl fallen sollte".

Die Heirat mit Verati war für Bassi nicht nur in persönlicher, sondern auch in wissenschaftlicher Hinsicht bedeutsam für ihr weiteres Leben. Guiseppe Verati, dessen Familie aus Modena stammte, war 1707 in Bologna geboren. Er hatte in Bologna Medizin und Naturphilosophie studiert und 1734 promoviert. Im Oktober 1737 hatte er sich für Medizin habilitiert, wofür er von der Bedingung des über drei Generationen nachzuweisenden Bürgerrechts befreit worden war. Bei seiner Heirat war er also frischgebackener Professor und schon seit Jahren Akademie-Mitglied. Die Verbindung mit einem solchen Mann erleichterte Bassi den Zugang zum wissenschaftlichen Leben. Sein Interesse an experimentalphysikalischen Forschungen hat sie sicher bestärkt, eigene Experimente und Forschungen anzustellen.

Die Ehe mit Verati war aber für Bassi offenbar mehr als eine nüchterne Vernunftheirat. Schon Bassis Biograph und Nachfahre Giambattista Comelli wußte zu berichten, wie sehr seiner Ahnin der junge Verati gefallen habe. Die Verbindung hielt vierzig Jahre lang und galt als ausgesprochen glücklich. Briefe des Paares sind lediglich vom Ende des Jahres 1746 überliefert. Damals reiste Verati im Auftrag des Bologneser Senats für einige Monate umher, um eine in der Gegend grassierende Rinderseuche zu bekämpfen. Was sich die Eheleute bei dieser Gelegenheit schrieben, klingt sehr liebevoll und innig. Jeder suchte den anderen vom eigenen Wohlbefinden zu überzeugen und mahnte ihn zur Vorsicht und Fürsorge für seine Gesundheit.

Bassi und Verati bekamen acht Kinder. Fünf davon wurden groß. Der jüngste Sohn Paolo trat als einziger in die Fußstapfen seiner Eltern. Er studierte bei der Mutter Physik und beim Vater Medizin. Später war er als Physikprofessor und auch als Arzt tätig.

Laura Bassi blieb auch als Ehefrau und Familienmutter der Wissenschaft treu. Sie betrieb weiter ihren privaten Wissenschafts-Salon und trat auf Wunsch der Stadtväter als Bologneser Minerva auf. Sieben Jahre nach ihrer Heirat kam ihr endgültiger wissenschaftlicher Durchbruch. Ihr alter Gönner Papst Benedikt XIV., der seinerzeit als Erzbischof bei Bassis erstem öffentlichen Auftritt dabei gewesen war, ließ sich 1745 erweichen, bei seiner Reform der Bologneser Akademie der Wissenschaften eine 25. Stelle „sopra numero" – außer der Reihe – speziell für Laura Bassi einzurichten. Damit wuchsen nicht nur das Prestige und das Einkommen der Mittdreißigerin. Sie hatte nun auch den bislang versperrten Zugang zu den Räumen und Geräten der Akademie.

Wie ihre Akademiekollegen legte Bassi alljährlich eine Arbeit vor. Themen aus der Experimentalphysik waren ihr offenbar die liebsten. Sie mußten belehrend und unterhaltsam zugleich sein: 1746 hielt sie ihren Akademie-Vortrag „Über den Luftdruck", 1747 „Über Luftblasen in frei fließenden Gewässern" und 1748 „Über Luftblasen, die aus Flüssigkeit aufsteigen". Aber nicht alles, was sie erforschte, hatte mit Physik zu tun. Im Frühjahr 1769 etwa ließ sie sich in die fachgerechte Fütterung, Haltung und Operation von Salamandern und Schnecken einweisen, weil sie wissen wollte, ob bei Schnecken tatsächlich abgeschnittene Köpfe wieder nachwüchsen.

Was die Frau Professor bei den Schnecken herausgefunden hat, weiß man nicht. Auch sonst ist über ihre Forschungen wenig bekannt. Bassi hat keine Monographie geschrieben, sondern nur vier Vorträge publiziert. Aus Briefwechseln und Akademie-Listen läßt sich immerhin ihr Werk bruchstückhaft zusammenreimen: Ab 1761 kümmerte sich die Physikerin offenbar intensiv um das noch kaum erforschte Phänomen der Elektrizität und experimentierte dazu gemeinsam mit ihrem Mann. Beide Partner benutzten die nämlichen Methoden und kamen zu denselben Schlüssen, blieben aber in der eigentlichen Arbeit selbständig.

Der Pionier-Einsatz des Ehepaares hat sich gelohnt: 1776 wurde Laura Bassi auf einen neu geschaffenen Lehrstuhl für experimentelle Physik berufen und ihr Mann zu ihrem Stellvertreter ernannt. Ihre Berufung auf diese Professur dankte Bassi nicht nur ihrem Können, sondern auch der Loyalität ihres Ehepartners. Denn in der Debatte um den zu besetzenden Lehrstuhl galten Bassi und Verati als Einheit, an der man auf dem Gebiet der Elektrizitätslehre schwer vorbeikam.

Europas erste Universitätsprofessorin hatte nicht lange Freude an ihrer neuen Tätigkeit. Zwei Jahre nach ihrer Berufung starb

Laura Bassi im Alter von 66 an Herzversagen. Am Tag zuvor hatte sie noch die Akademiesitzung besucht. Die Insignien ihrer Doktorwürde, einen Pelzumhang und einen silbernen Stirnreif, gab man ihr mit ins Grab.

In der Wissenschaft hat Laura Bassi keine Spuren hinterlassen. Sie hat weder eigene Lösungen gefunden noch aufregende, neue Horizonte für andere Forscher eröffnet. Das wird man ihr aber kaum vorwerfen können: Ihre männlichen Kollegen in Bologna waren auch nicht besser. Denn der auf Disputationen ausgerichtete akademische Betrieb dort war längst steril geworden, weil er weniger der Suche nach Entdeckungen als dem gesellschaftlichen Gepränge diente.

Im Nachruf zu Laura Bassis Tod mußten allerdings die familiären Pflichten und die vielen Kinder als Entschuldigung für die bescheidene Publikationsliste von Europas erster Universitätsprofessorin herhalten. Laura Bassi wäre mit dieser Erklärung sicher einverstanden gewesen. Sie wußte, daß als gesellschaftlicher Preis für ihr wissenschaftliches Engagement von ihr die perfekte Ehefrau und Mutter verlangt wurde. Ohne die Loyalität ihres Ehemannes und Kollegen Guiseppe Verati hätte selbst eine so ambitionierte und kluge Frau wie Laura Bassi solchem Erwartungsdruck kaum standgehalten.

Ernestine Christine und Johann Jakob Reiske

Wenn im 18. Jahrhundert nördlich der Alpen Frauen zu wissenschaftlichem Ansehen gelangten, dann scheint hier die Ehe mit einem Gelehrten die Voraussetzung gewesen zu sein. So brachte es die kursächsische Pfarrerstochter Ernestine Müller aus Kemberg nahe bei Wittenberg durch ihre Heirat mit dem Orientalisten Jakob Reiske zu eigenen wissenschaftlichen Ehren in der Altphilologie. Ein erhaltener Schattenriß der Dame zeigt ihr anmutiges Profil, und ihre Bewunderer meinten, schon an diesem Gesicht die Gelehrsamkeit ausmachen zu können: „Ihr kurzer voller Hals schickt sich gut zu dem länglichen gesicht, das zwar nichts Auszeichnendes, nichts Griechisches hat, aber voll Verstand und Nachsinnen ist."

Prominent bei ihren Zeitgenossen wurde Ernestine Reiske (1735–1798) aber nicht nur als das Idealbild einer klugen Frau. Nach dem Tode ihres Mannes hielten sich jahrelang hartnäckige Gerüchte, daß der Dichter Gotthold Ephraim Lessing die ansehnliche Witwe ehelichen würde. Gleich zu Beginn ihrer Bekanntschaft hatte der notorische Ehefeind begeistert geäussert, wenn es solche Frauen gebe, dann sei die alte Streitfrage, ob ein Gelehrter heiraten solle oder nicht, leicht zu entscheiden. Auch Madame Reiske machte bereits zu Lebzeiten ihres Mannes kein Geheimnis aus ihrer schwärmerischen Zuneigung für den Dichter.

Lessing wechselte lange Jahre ausführliche und vertraute Briefe mit Ernestine Reiske und besuchte sie in Leipzig. Doch das Happy-end blieb aus. Nach endlosem Warten und Hoffen wurde Ernestine Reiske vor vollendete Tatsachen gestellt: Im Nachinein erfuhr sie von Lessings Heirat mit der Hamburgerin Eva König.

Das private Desaster ihrer enttäuschten Liebe lähmte Ernestine Reiske nur kurze Zeit. Bald gelang es ihr, das Leben an der Seite eines anderen Mannes neu zu organisieren. Sie ging eine Liaison mit einem sehr viel jüngeren Adeligen ein, dem Jura-Studenten Christoph Moritz von Egidy. Mit ihm zusammen pachtete sie ein Klostergut in der Nähe von Braunschweig und häufte dort im fol-

Ernestine Christine Reiske (1735–1798)

genden Jahrzehnt ein beträchtliches Vermögen an – als geschickte Landwirtin, erfolgreiche Buch-Editorin und tüchtige Kauffrau. Als Egidy nach fünfzehn Jahren Zusammenleben auf ihr Drängen hin eine junge Frau heiratete und die Ménage à trois zu immer größeren Spannungen führte, verließ sie ihn, setzte ihn aber zum Universalerben ein. In ungebrochener Aktivität verbrachte sie ihre letzten Jahre in Braunschweig und in ihrer alten Heimat Kemberg.

Ernestine Reiskes intellektueller Werdegang ist ohne Zweifel ein typisches Produkt des Zeitalters der Aufklärung. Zwar gehörte sie nicht zu den gebildeten Professorentöchtern des 18. Jahrhunderts wie etwa Dorothea Schlözer oder Anna Darcier, deren geistige Emanzipation immer auch ein Stück erfülltes pädagogisches Programm ihrer Väter war. Aber auch Ernestine Reiske profitierte von den gehobenen Bildungschancen ihrer Umgebung, wo zunächst Vater, Brüder und später der gelehrte Ehemann intellektuellen Ansporn und Unterstützung boten. Geboren als zehntes Kind eines Pastors und seiner zweiten Frau erhielt die Reiskin eine streng protestantische und für ein Mädchen der frühen Aufklärung nicht ganz selbstverständliche Bildung. Gleich ihren Brüdern erlernte sie die deutsche Sprache in Laut und Schrift, Geographie, Geschichte, Naturkunde und Mathematik und wurde in Religion und Moral unterwiesen. Ihr Vater starb, als sie erst 14 Jahre alt war, und sie mußte von da an zum Unterhalt der Familie beitragen. Die Verhältnisse, in denen sie zusammen mit der Mutter im Hause ihres Bruders und dann mit dieser allein lebte, waren alles andere als üppig. Sie ernährte sich und die Mutter mit Näharbeiten und Stickereien.

Für den exzentrischen Berufswunsch des jungen Mädchens, Gelehrte werden zu wollen, gab es keinerlei Vorbild. Dieses Ziel über die Heirat mit einem zwanzig Jahre älteren Forscher zu realisieren, war zur damaligen Zeit vermutlich die einzig erfolgversprechende Strategie. In einem recht späten Alter, mit fast 30 Jahren, heiratete Ernestine Müller. Ihr Ehemann wurde der erheblich ältere Professor der arabischen Sprache Johann Jakob Reiske (1716–1774), ein im gesellschaftlichen wie im privaten Umgang schwieriger Gelehrter. Sie hatte den Mann neun Jahre zuvor bei einer kurzen Reise mit ihrem Bruder nach Leipzig kennengelernt und seitdem mit ihm Briefe ausgetauscht.

Die äußeren Umstände halfen der jungen Ehefrau, ihre intellektuellen Ambitionen zu realisieren: Die Ehe blieb kinderlos, allerdings sorgte das Paar eine Zeitlang für einen Neffen als Pflegesohn. Der Haushalts- und Lebenszuschnitt war eher bescheiden. Lesen, Lernen und Arbeiten erschienen beiden Eheleuten wichtiger als Essen, Trinken und alle übrigen Belange. So hatte Ernestine Reiske Muße genug für ihre eigenen Interessen. Durch ihren Mann lernte sie Latein und Griechisch und ging ihm bei seiner Arbeit zur Hand. Sie perfektionierte ihre Kenntnisse schließlich so, daß sie eigene Übersetzungen vorlegen konnte. Es folgten eigene Editionen und Aufsätze, mit denen sie sich bald wissenschaftliche Meriten unabhängig von ihrem Ehemann erwarb. Nicht lange, und sie galt als ebenso geistreiche wie angenehme Gesprächspartnerin.

Johann Jakob Reiske war bereits zur Zeit seiner Heirat im Jahre 1764 ein namhafter Gelehrter, auch wenn seine Karriere nicht den erhofften Verlauf genommen hatte. Seinen heutigen Fachkollegen gilt er als Begründer der wissenschaftlichen Islamkunde in Deutschland. Zwar hatte es hierzulande auch vor ihm schon Gelehrte gegeben, die sich der Erforschung der islamischen Religion und Kultur gewidmet hatten. Doch erst Reiske, der den Enthusiasmus für seinen Gegenstand mit dem philosophischen Eros der

Johann Jakob Reiske (1716–1774)

Aufklärung und philologischer Gründlichkeit verband, wies dieser Wissenschaft in Deutschland ihre eigentliche Richtung. Offenbar dankt die frühe deutsche Orientkunde ihre gerühmten Qualitäten wie große Textkenntnis und weltanschauliche Vorurteilslosigkeit und Offenheit vor allem diesem Mann.

Dem Sohn eines Lohgerbers waren seine Interessen keineswegs in die Wiege gelegt. Zeit seines Lebens konnte sich Reiske denn auch nicht erklären, warum ihn schon in jungen Jahren eine „unstillbare Sehnsucht" erfüllte, die arabische Sprache zu erlernen, wie er in seiner umfangreichen, von seiner Frau nach seinem Tod herausgegebenen Autobiographie mitteilte.

Reiske bildete sich in seiner Wissenschaft zunächst als Autodidakt heran. Schon mit 20 Jahren hatte er alles gelesen, was zur damaligen Zeit an gedruckten arabischen Werken in Europa vorlag. Der junge Mann ging nach Holland, das damals als das Mekka der europäischen Orientkunde galt. Allerdings wurde von den wissenschaftlichen Koryphäen dort die Arabistik als Hilfswissenschaft der christlichen Theologie verstanden und Arabisches vor allem im Hinblick auf das Verständnis der Bibel studiert. Reiske sah das anders. Er interessierte sich für altarabische Dichtung, die mit der Bibel überhaupt nichts zu tun hatte, und publizierte darüber.

Nach Querelen mit dem Leidener Orientalistik-Professor Abert Schulten studierte er Medizin und kehrte 1746 nach Leipzig zurück. Seinen Lebensunterhalt verdiente er mit intellektuellen Gelegenheitsarbeiten, Privatstunden und Schreibdiensten, da ihm eine Universitätskarriere versagt blieb. Unverdrossen wandte er sich wieder der Orientkunde zu. Er beschäftigte sich mit der Geschichte der orientalischen Völker und entdeckte Parallelen im Ablauf historischer Epochen, unabhängig von christlichen oder islamischen Vorzeichen. Dieser Gedanke war neu in Europa, wo sich damals noch alles um das Christentum drehte.

1747 veröffentlichte Reiske eine umfassende Einleitung in die islamische Geschichtsschreibung. Nach der Publikation seines Werkes wurde er vom Dresdener Hof mit dem Professorentitel geehrt. Seine berufliche und gesellschaftliche Situation verbesserte sich allerdings in den folgenden Jahren nicht sonderlich. Zwar war der neue Titel mit einer jährlichen Pension von 100 Talern verbunden. Doch die Summe kam unregelmäßig, sodaß sich an Reiskes armseligen Lebensbedingungen wenig änderte. Seine wissenschaftliche Streitlust und seine unvoreingenommene Haltung gegenüber dem Islam bescherten ihm weitere Feinde, und es bestand keine Chance, daß er jemals einen Lehrstuhl für Arabistik erhalten würde.

Reiske kam schließlich als bescheidener Schulmeister in Leipzig unter. Neben dem Unterricht arbeitete er weiter an seinem Konzept einer wissenschaftlichen Islamkunde. Einen Freund fand Reiske in dem Dichter Gotthold Ephraim Lessing, der über den Islam ähnlich vorurteilsfrei und differenziert dachte wie er selbst.

1758 gelang Reiske dann doch ein beruflicher Aufstieg: Er wurde zum Direktor der Nikolai-Schule ernannt. Das bedeutete nicht nur mehr Sozialprestige, sondern auch ein höheres Gehalt. Sechs Jahre später konnte er – mit 48 Jahren – endlich heiraten. Er wählte Ernestine Christine Müller, die fast zwanzig Jahre jünger war als er selbst.

Die späte Ehe muß für Reiske große Bedeutung gehabt haben. Das zeigen die Widmungen in seinen Büchern, nicht zuletzt die in seiner Bearbeitung des Werkes von al-Mutanabbi, der vielen Arabern noch heute als ihr größter lyrischer Dichter gilt. Reiske verstand diese „Proben der arabischen Dichtkunst in verliebten und traurigen Gedichten, aus dem Motanabbi" als ein Dankesgeschenk an seine Frau. Reiskes Übersetzung diente Jahrzehnte später Goethe als Vorlage für seinen „West-Östlichen Divan".

Die Ehe von Jakob und Ernestine Reiske dauerte nur zehn Jahre. Es war eine fruchtbare Zeit gemeinsamer Arbeit, in der sich die junge Frau aus der Rolle der gelehrigen, interessierten Schülerin zur kompetenten Mitarbeiterin des Orientalisten emanzipierte. Gemäß dem Sprachgebrauch ihrer Zeit für die Stellung der Frau in der gelehrten Partnerschaft allerdings blieb sie Reiskes „Gehilfin". Das war keineswegs despektierlich und weniger im Sinne von Unterordnung gemeint, sondern beinhaltete eine gemeinsame – wenn auch nicht ranggleiche – Hinwendung zur selben Sache.

Nur eine gelehrte Frau könne die Frau eines Gelehrten sein, meinte Ernestine Reiske. Auch ihr Mann wollte in dieser Ehe eine gemeinsame Hinwendung mit seiner Frau zu gelehrten Studien. Pygmalion-Attitüden waren Jakob Reiske dabei fremd: Er übte keinen Druck aus und verzichtete auf Anleitung und Formung nach seinem eigenen Geschmack. Seine Frau hatte ohnehin einen ausgeprägten Bildungstrieb, und den unterstützte er. Im übrigen hielt er den offenen Gedankenaustausch unter Gelehrten für ein gutes Prinzip auch unter Ehepartnern: „Ich statuiere, auch in der Ehe, eine Freyheit der Meinungen, die der ehelichen Liebe keinen Eintrag thut."

Reiske sorgte nicht nur für eine auserlesene, eigene Büchersammlung seiner Frau, sondern brachte ihr auch neue und vor allem klassische Sprachen bei – nach dem nämlichen didaktischen Verfahren, das er in der Schule befolgte: Gemeinsame Lektüre, in der er sachliche und grammatische Erläuterungen einstreute. Parallel zur Lektüre übte sich Ernestine Reiske von Anfang an in der Übersetzung von Texten, die ihr Mann durchsah und korrigierte. Die entscheidende Wendung zur gemeinsamen wissenschaftlichen Arbeit ging auf ihre Initiative zurück, als Reiske im Mai 1776 eine Handschrift des Demosthenes aus einer Münchner Bibliothek mit einer Pariser Ausgabe vergleichen und bearbeiten wollte. Er kam nur schwer mit den beiden Riesenbüchern zurecht, sodaß seine Frau ihm den griechischen Text aus der Pariser Ausgabe vorlas. Die Methode erwies sich als äußerst praktisch und wurde zu ihrem Arbeitsprinzip.

Voller Stolz berichtete die Reiskin später in einer Anmerkung zur Lebensbeschreibung ihres Mannes: „Wir collationierten also diesen Codex, und alle, die wir nachher zur Ausgabe der griechischen Redner erhielten, auf diese Weise, daß ich ihm das gedruckte Werk vorlas. Die aus allen gesammelten Varianten brachte ich hernach, nebst meines Freundes Anmerkungen, in gehörige Ordnung. Auch las ich ihm, wenn er nachher den Correcturbogen vor sich hatte, allezeit das dazu gehörige Stück aus der Edition vor, von welcher es abgedruckt war, damit kein Wort im Drucke wegbleiben konnte."

Mit wachsender Selbständigkeit kümmerte sich Ernestine Reiske um die Zusammenarbeit mit ihrem Mann. Sie war an allen wissenschaftlichen Ausgaben beteiligt, die ihr Mann noch herausbrachte oder die – weitgehend von ihm vorbereitet – von anderen Philologen nach seinem Tod veröffentlicht wurden. Zum Dank widmete ihr Reiske den ersten Band seiner „Oratores Graeci", einer zwölfbändigen monumentalen Ausgabe aller klassischen griechischen Redner. Er ließ den Anfang seiner Einleitung mit ihrem Kupferstich schmücken und dankte ihr öffentlich, indem er betonte, er habe dieses Werk „in consuetudine coniugis", also „im gewohnten Umgang mit seiner Frau" geschaffen. Diese und andere Bemerkungen in der Einleitung machten Ernestine Reiske als gelehrte Frau bekannt.

Im Laufe der Zeit traten allerdings auch Schattenseiten dieser mustergültigen Ehe zutage. Reiske, zunehmend hypochondrisch und schließlich wirklich ernsthaft krank, begann auf die wissenschaftlichen Erfolge seiner Frau und ihre Kontakte, besonders zu Lessing, eifersüchtig zu werden und ihr das Leben zu verbittern. Die letzten gemeinsamen Jahre waren für das Paar schwierig. Im Sommer des Jahres 1774 starb Jakob Reiske, noch nicht ganz 58 Jahre alt, an Schwindsucht. Seine Frau Ernestine pflegte ihn hingebungsvoll. Der Tod ihres Mannes traf sie schwer in ihrer materiellen und psychischen Existenz. Plötzlich war sie völlig auf sich allein gestellt.

Entsprechend dem Wunsch des Verstorbenen übergab Ernestine Reiske den Nachlaß ihres Mannes dem Dichter Lessing, der den Gelehrten sehr geschätzt hatte. Sie selbst kümmerte sich mit unermüdlichem Eifer und geschäftlichem Ehrgeiz um seine schon erschienenen Werke und publizierte Jahre nach seinem Tod auch seine Autobiographie – als Panorama eines in vieler Hinsicht reichen, aber doch auch schwierigen Lebens.

Ernestine Reiske war, als ihr Mann starb, 39 Jahre alt. Die attraktive Frau fühlte sich jung genug, Liebesglück und Leidenschaft anderswo zu suchen. Nach der Enttäuschung mit Lessing fand sie schließlich zu der schon erwähnten harmonischen Zweisamkeit mit dem fast zwanzig Jahre jüngeren Christoph Moritz von Egidy, der die Altersrelation ihrer Ehe total umkehrte. Mit ihm zog sie zu Beginn der achtziger Jahre auf ein Landgut in der Nähe von Braunschweig, fing ein neues Leben als Pächterin an und entwickelte auch hier großes Geschick in Haus und Hof. Die gelehrten und schriftstellerischen Arbeiten gerieten nun allerdings ins Hintertreffen, und sie verfaßte nur noch einige seelenkundliche Aufsätze.

Bleibt die Frage, was eine Frau wie Christine Reiske, die inzwischen zweihundert Jahre tot ist, für uns noch interessant macht, zumal sie kaum als Prototyp der schöngeistigen, vornehmen Dame ihrer Epoche gelten kann. Trotz aller wissenschaftlichen Verdienste läßt sie sich nicht einmal zu einer überragenden Gelehrten des 18. Jahrhunderts hochstilisieren. Dazu war sie letzlich doch zu wenig auf wissenschaftliche Leistung als Lebensziel versessen. Dennoch ist das Schicksal der Reiskin aufschlußreich, da es exemplarisch das Dilemma der gelehrten Frau im 18. Jahrhundert deutlich macht. Weil den wißbegierigen Frauen der Zugang zur gelehrten Öffentlichkeit der Universitäten und Akademien verschlossen blieb, konnten sie in der Regel nur über den Ehemann am Leben der Gebildeten teilnehmen. So war es nur konsequent und letztlich die einzig mögliche Lösung, daß Ernestine Reiske die Ehe mit Jakob Reiske wählte, um an seiner Seite und – wie es im Jargon dieser Zeit hieß – als „seine Gehilfin" wissenschaftlich arbeiten zu können.

Faszinierend an Christine Reiske ist dabei die Eigenständigkeit und Flexibilität, mit der sie sich ohne Bindungsangst an immer neue Situationen in ihrem wechselhaften Leben anzupassen verstand. Sie selbst stellte die entscheidenden Weichen, nutzte die Produktivität der Paargemeinschaft und hatte, wenn es der Zeitpunkt erforderte, den Mut zu radikalen Schnitten mit der Vergangenheit. Das Ergebnis war ein ungewöhnlich arbeitsames, selbständiges und erfolgreiches Frauenleben, das im 18. Jahrhundert seinesgleichen sucht. Ernestine Reiske machte aus ihrem Wissen nicht nur einen Beruf, sondern auch ein Geschäft mit Büchern, von dem sie sich und andere ernährte. Ihr Mann sollte mehr als recht behalten, als er ihr 1765 prophezeite: „Fühlt also, Madame, Ihr Herz eine gleiche Eitelkeit bey sich, als ich bey mir finde, so können Sie sich mit der tröstlichen Hoffnung schmeicheln, daß Ihr Name neben dem meinigen die längste Ewigkeit der Gelehrten ... durchleben werde."

Die Nobel-Paare

Marie und Pierre Curie

„Der große Erfolg von Professor und Madame Curie ist der beste Beweis für das alte Sprichwort: ‚Einigkeit macht stark'. Er läßt uns Gottes Wort in völlig neuem Licht sehen: ‚Es ist nicht gut, daß der Mensch allein sei. Ich will ihm eine Gefährtin schaffen, die ihm hilft.'" Mit diesen Sätzen in der Ansprache zur Verleihung der Physik-Nobelpreises 1903, den die Curies mit Henri Becquerel teilten, wurde erstmals eheliche Zusammmenarbeit in der Wissenschaft offiziell honoriert. Marie Sklodowska Curie (1867–1934) und Pierre Curie (1859–1906) wurden dennoch meist in gesonderten Lebensbildern dargestellt. Allenfalls die Biographen von Marie Curie haben auch Pierre einbezogen und sie als die Chemikerin, ihn als den Physiker charakterisiert. Dagegen scheint es sinnvoll, die fruchtbare Zusammenarbeit des Forscherpaares in seiner Komplementarität zu überdenken.

Es ist zu vermuten, daß Pierre Curie bei der Wahl seiner Ehefrau von vornherein auch einen Ersatz für die langjährige, enge wissenschaftliche Zusammenarbeit mit seinem Bruder Jacques im Auge hatte. Mit Maria Sklodowska tat er einen guten Griff: Die Heirat der Curies verband zwei äußerst talentierte Wissenschaftler zu einer komplementären Einheit ihrer Begabungen, Persönlichkeiten und Forschungsstile.

Pierre Curie war offenbar ein eher langsamer Denker, der wissenschaftliche Schlußfolgerungen erst nach langwierigen Abwägungen aller Umstände zog und sich wenig um Priorität, geistiges Eigentum und Ruhm kümmerte. Marie Curie dagegen gelangte schnell von Experimenten zu kühnen, veröffentlichten Thesen. Während Pierre ein eher ruheloser Geist umtrieb, arbeitete Marie ausdauernd und beständig. So war sie in der Lage, sich fast vier Jahrzehnte lang, vom Jahre 1897 an bis zu ihrem Lebensende 1934, ins Studium der Radioaktivität zu vertiefen. Pierres mangelndes Wettbewerbsdenken und seine Uneigennnützigkeit, die möglicherweise zunächst seine wissenschaftliche Karriere behinderten, machten ihn frei, mit Marie gleichberechtigt zusammen-

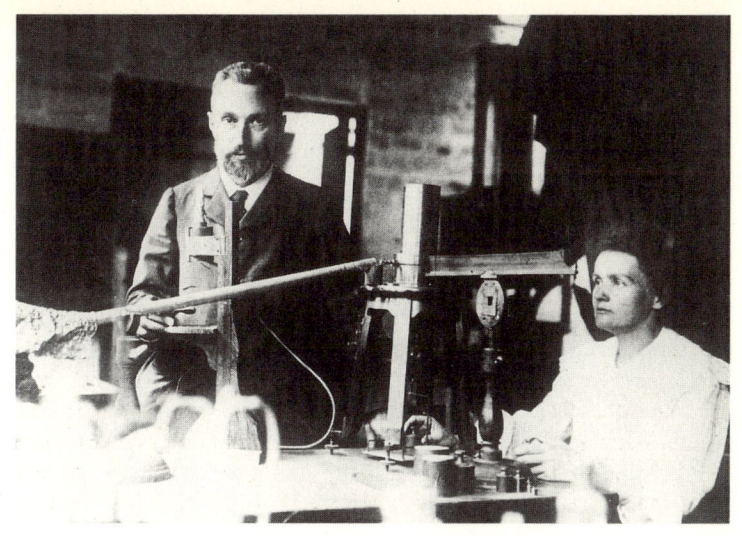

Pierre Curie (1859–1906) und Marie Curie (1867–1934)

zuarbeiten und mit ihr nicht nur die Arbeit, sondern auch den Erfolg und das Ansehen dafür zu teilen. Maries mutiger Entschluß, sich mit dem neuen Phänomen der Radioaktivität zu befassen, ihr Wunsch nach Anerkennung und ihre Ausdauer sorgten zusammen mit dem wissenschaftlichen Talent des Paares dafür, daß sie selbst breites wissenschaftliches Ansehen fand und daß auch Pierre in den Augen seiner Zeitgenossen zu einem großen Forscher wurde.

Vor der Heirat war Pierre Curies älterer Bruder Jacques dessen wissenschaftlicher Partner gewesen, und Marie hat ihren Schwager letztlich auf bravouröse Weise ersetzt. Wissenschaftliche Zusammenarbeit in der Familie war für Pierre Curie von Jugend an die natürlichste Sache auf der Welt, seit er als Junge im Auftrag seines Vaters mit der Botanisiertrommel zum Präparatesammeln losgezogen war. An der Sorbonne hatte er später mit Jacques fern von der häuslichen Umgebung zusammenzuarbeiten begonnen, als beide Brüder dort Laborassistenten wurden. Ihre Kooperation hatte Erfolg: Gemeinsam entdeckten Pierre und Jacques Curie die Piezoelektrizität. 1883 mußten die Brüder sich trennen, als Jacques ein Angebot als Mineraloge an der Universität Montpellier annahm und Pierre eine Anstellung an der neuen Pariser Fachhochschule für Physik und Chemie fand. Danach war für die beiden wissenschaftliche Gemeinsamkeit nur noch in den Ferien möglich.

Für Pierre Curie blieb Laborarbeit jedoch auch ohne den Bruder atmosphärisch eine Famliensache und der Ort, wo er forschte, sein eigentliches Zuhause. Selbst als er Frau und Kinder hatte, sah er seine Mitarbeiter als Familienmitglieder an. Seine positive Bindung an die Wissenschaft dankte Pierre Curie seinem Vater, dem Arzt Eugène Curie, der bei seinen Söhnen nicht nur Interesse für die Forschung geweckt, sondern sie auch zum Freidenkertum erzogen und ihnen ein starkes soziales Bewußtsein mitgegeben hatte. Pierre Curie glaubte, daß nur die Wissenschaft den Menschen Gutes bescheren könne, da selbst erfolgreiche Sozialreformen oft mehr Schaden als Nutzen brächten. Die Wissenschaft war nicht nur ein Teil von Pierres Leben, sondern dessen dominierender Inhalt, von dem er keinerlei Ablenkung duldete.

Als Jacques Curie nach Montpellier zog, entstand in Pierres Leben eine Lücke, die letztlich nur eine Wissenschaftlerin an seiner Seite ausfüllen konnte. Er wußte das und klagte in seinem Tagebuch, lange bevor er Marie traf, daß „geniale Frauen" so selten zu finden seien, und fürchtete sich vor den schädlichen Auswirkungen einer Heirat auf seine Wissenschaft. In seinen Briefen an seine Braut in der Verlobungszeit beschwor Pierre Curie eine Neuauflage der innigen Zusammenarbeit mit seinem Bruder. Er schilderte, wie er mit diesem trotz aller charakterlichen Verschiedenheit stets zu derselben Meinung in allen Dingen gekommen sei, ohne daß sie darüber hätten sprechen müssen.

Maria Sklodowska war sich von Anfang an darüber im klaren, daß sich ihr eigenes Wesen erheblich von dem ihres Verlobten unterschied. Genau wie Pierre fühlte sie sich angezogen von dem Gedanken an eine harmonische Verbindung ihrer Ähnlichkeiten und Verschiedenheiten. Als Marias polnischer Landsmann Professor Jozef Kowalski die beiden miteinander bekannt machte, weil die Physik-Studentin auf der Suche nach einem geeigneten Laborplatz war, um die magnetischen Eigenschaften von Stahl zu untersuchen, hatte eigentlich keiner von beiden Interesse an einer neuen Liebe. Beide hatten eine unglückliche Affäre hinter sich. Die von Maria mit Kazimierz Zorawski, bei dessen Eltern sie als

Gouvernante gearbeitet hatte, lag drei Jahre zurück. Pierres Jugendliebe war gestorben und er von der fixen Idee besessen, nunmehr nur wie ein Mönch leben zu wollen. Maria und Pierre Curie begannen über Wissenschaft und Soziales zu reden und entdeckten sofort einander verwandte Seelen. Beide kamen aus gebildeten Familien, aber bescheidenen Lebensverhältnissen, beide waren zurückhaltend und scheu und ohne religiöse Bindungen. So wichtig diese Übereinstimmungen auch waren, letztlich bescherten ihnen ihre ergänzenden Eigenschaften und Talente ihren Erfolg als Ehepaar und Wissenschaftlerduo.

Offenbar fühlte sich Marie Curie vor allem von Pierre als dem „gedankenverlorenen Träumer" angezogen, während er zunächst von ihr als der „eifrigen, kleinen Studentin" angetan war. Auch wenn Marie Curie nie darüber gesprochen hat – später hat sie es sicher manchmal mit der Angst zu tun bekommen, wenn sich ihr Ehemann für lange Zeit in abstrakte Gedanken verlor und vor sich hin schwieg. Pierre Curie ging es vermutlich nicht viel anders, wenn er sah, mit welcher Eigenständigkeit und Beharrlichkeit seine Angetraute wissenschaftliche und andere Projekte in Gang setzte und unbeirrt durchzog.

Marie Curie lobte ihr Leben lang die kontemplative Seite ihres Mannes und betonte, sein ernster, gedankenverlorener Gesichtsausdruck habe sie sofort angezogen. Tatsächlich entsprach Pierre Curies Miene seinem Wesen und diesem Charakter auch sein bedächtiger wissenschaftlicher Stil: Er selbst bezeichnete sich als „langsamer Kopf" und neigte dazu, seine wissenschaftlichen Probleme wieder und wieder zu überdenken. Schnelle Studien und rasche Schlüsse waren ihm fremd. Für ihn kamen keine gewagten Hypothesen in Frage, weil er die damit verbundenen Irrtümer scheute, sondern nur Schritt für Schritt der sichere Weg der Forschung. In Pierres reflektierender Art sah Marie Curie offenbar einen positiven Unterschied zu ihrem eigenen, raschen Temperament.

Ebenso bedächtig wie er forschte, publizierte Pierre Curie – nie Spekulationen, sondern immer nur hieb- und stichfeste Ergebnisse seiner Experimente. Seine Vorsicht resultierte aus seinen hohen wissenschaftlichen Standards, möglicherweise aber auch aus einer frühen negativen Erfahrung, als er 1880 zusammen mit seinem Bruder Jacques seine Pionierarbeit über Piezoelektrizität noch nicht ganz ausgereift veröffentlicht hatte und Experimente nachschieben mußte.

Pierre Curie, der nie eine öffentliche Schule besuchte, hatte den Wettbewerb mit Gleichaltrigen nicht kennengelernt. Ihm fehlte das Gefühl für Konkurrenz, aber auch das in Frankreich so wichtige Netzwerk, das dort die Absolventen von Eliteschulen verbindet. In Pierre Curies ungewöhnlicher Sozialisation wird der Grund für seine spätere Uneigennützigkeit in der Forschung, seinen Verzicht auf Prioritätenstreitigkeiten und seine Zurückweisung von Ehrungen gesehen. Das Ideal der uneigennützigen Forschung ist in der Geschichte der Physik von kaum jemand so entschieden vertreten worden wie von ihm und seiner Frau.

Sein mangelndes Durchsetzungsvermögen auf der einen Seite, seine spröde Kompromißlosigkeit auf der anderen, dazu seine intellektuelle Unrast waren nicht gerade förderlich für Pierre Curies Karriere. Als er 1894 Maria Sklodowska begegnete, war er ein erfahrener Physiker mit anerkannten Publikationen zu Piezoelektrizität, Symmetrieeigenschaften von Kristallen und Magnetismus, aber letztlich nur einigen, wenigen Fachkollegen bekannt. Er arbeitete noch immer als Laborchef an der industrieorientierten Städtischen Fachhochschule für Physik und Chemie, die ihm lediglich behelfsmäßige Forschungsmodalitäten bieten konnte.

Im Gegensatz zu ihrem Mann hatte Marie Curie schon in der Schule an ihrem Gymnasium in Warschau brilliert und später an der Sorbonne Hervorragendes geleistet. Sie dachte schnell und handelte schnell. Marie und Pierre Curie ergänzten sich nicht nur intellektuell, sondern auch in ihrem Wesen. Zwar teilte Marie Pierres Auffassung von der Uneigennützigkeit der Forschung im Hinblick auf materiellen Gewinn, aber sie hatte nichts gegen Wettbewerb und war äußerst bemüht, sich eigene Reputation in der Wissenschaft zu erwerben. Als junge, polnische Gymnasiastin im russisch besetzten Warschau und als eine der ersten Physik-Studentinnen an der Sorbonne war sie gefordert, der Konkurrenz pari zu bieten. Anders als der junge Pierre Curie lernte sie früh den Wettbewerb und andere soziale Gepflogenheiten in der westlichen Wissenschaft. Während ihrer deprimierenden Zeit als Gouvernante bei einer polnischen Adelsfamilie verlor sie fast den Mut, es je zu etwas zu bringen, und wandte ihren ganzen Ehrgeiz auf ihre Schwester Bronya, der sie das Medizinstudium in Paris finanzierte. Erst als sie selbst unter bescheidensten Bedingungen zum eigenen Studium nach Paris gehen konnte, gewann sie ihr Selbstbewußtsein zurück. Sie vergaß niemals ihr Heimatland und nutzte jede Gelegenheit, als Symbol polnischen Intellekts in Erscheinung zu treten.

Als Person, die es in der Wissenschaft und im Leben zu etwas bringen wollte, als Pionierin in Physik und Chemie und als polnische Patriotin kam es Marie Curie im Gegensatz zu ihrem Mann durchaus auf eigene Veröffentlichungen und dabei auf Prioritäten an. Sie war sich der Nachteile in Beruf und Karriere bewußt, die für Pierre Curie daraus resultierten, daß er nur ausgereifte Arbeiten in Druck geben wollte und manchmal nicht einmal das tat, so daß die Zahl seiner Publikationen klein blieb. Für sich selbst handhabte sie dieses Problem anders, indem sie möglichst rasch ihre Forschungsergebnisse veröffentlichte. Vor allem aber betrachtete sie ihre Ehe von Anfang an als Chance für ihre wissenschaftliche Arbeit.

Maria Sklodowska überlegte ein ganzes Jahr lang, ob sie Pierre Curies Antrag annehmen sollte. Denn das bedeutete für sie, nicht in ihre polnische Heimat zurückkehren zu können, sondern in Frankreich bleiben zu müssen. Zum Zeitpunkt der Hochzeit war sie fast 28 Jahre und Pierre Curie 36 Jahre alt. Die Absicht dieser Verbindung war von Anfang an, nicht nur das Leben, sondern auch die wissenschaftlichen Aufgaben miteinander zu teilen. Trotz seiner gutbürgerlichen Herkunft aus einer elsässischen Arztfamilie war Pierre Curie nicht das, was man eine gute Partie hätte nennen können. Aber er war klug, gebildet und in seiner wissenschaftlichen Praxis Marie weit voraus – Grund genug, ihn für sie zum attraktiven Lebenspartrner zu machen. Böse Zungen behaupten denn auch, Marie sei in der Folge nur auf der Grundlage des Intellekts und der Erfahrung ihres Mannes zu Ruhm und Ansehen gelangt. Das stimmt sicher nicht, auch wenn Marie Curie zu Beginn ihrer Ehe mehr von ihrem Mann profitierte als er von ihr.

Mit ihrer Heirat verlor Marie Curie keineswegs ihr wissenschaftliches Fortkommen aus den Augen. Ihre erste gemeinsame Wohnung war – wie alle späteren – spartanisch eingerichtet, und ihr eigentliches Leben spielte sich im Labor ab. Unmittelbar nach ihrer Heirat begann sie in Pierre Curies Labor mitzutun. Die Erlaubnis dazu erhielt sie von Paul Schützenberger, dem Direktor der Fachhochschule für Physik und Chemie. Diese Genehmigung gab Marie Curie offiziell den Status einer wissenschaftlichen Mitarbeiterin. Ihren Unterhalt mußte sie allerdings von Pierres Einkommen bestreiten. Das war zu dieser Zeit nicht höher als das eines Pariser Arbeiters.

Für Marie und Pierre Curie begann mit ihrer Eheschließung eine Lebensform, die sie den „antinatürlichen Weg" nannten – in ihrem Tagesablauf war fortan nur noch Raum für Wissenschaft und Familie. Unterstützt vom Schwiegervater Eugène Curie, der nach dem Tod seiner Frau zu dem Paar zog, schafften es Marie und Pierre Curie schließlich, ihre zeitaufwendige Forschung, drei verschiedene Lehrverpflichtungen, zwei Töchter und ihren wachsenden Ruhm unter einen Hut zu bekommen. Marie Curie realisierte dabei in ihrer Ehe eine Intimität, die so nur eine Wissenschaftlerin zusammen mit einem Forscher aus dem gleichen Fach verwirklichen konnte: Wenn ihr Mann einen neuen Kurs an der Fachhochschule gab, bereitete sie mit ihm zusammen die Vorlesungen vor. Wenn er endlose Stunden im Labor verbrachte, arbeitete sie Seite an Seite mit ihm. Während ihrer Knochenarbeit zur Radioaktivität aßen sie gemeinsam am Labortisch ihre Mahlzeiten und tranken dort ihren Tee. Abends kehrten sie oft in den Schuppen, in dem sie tagsüber forschten, zurück, kontrollierten ihre Experimente und freuten sich über die Fortschritte an ihrer Arbeit. Marie Curie sah die Radioaktivität als ihr drittes Kind an. Gegenüber einer jungen Schülerin äußerte sie einmal, auch die Radioaktivität sei ein Kind, daß sie geboren habe, zu dessen Erziehung sie mit allen Kräften, über die sie verfüge, beitragen wolle, und dem sie ihre ganze Arbeit zu widmen bereit sei.

Das Leben mit Pierre Curie dürfte dabei für sie als Ehefrau trotz aller Sanftmut ihres Partners nicht immer einfach gewesen sein. Eve Curie schilderte ihren Vater später als anspruchsvollen, eifersüchtigen Gatten: „Er ist an die ständige Anwesenheit seiner Frau so gewöhnt, daß die kleinste Unregelmäßigkeit ihn hindert, ungestört nachzudenken. Wenn Marie sich ein wenig zulange bei ihrem Kind aufhält, empfängt er sie nachher mit einem ebenso ungerechten wie komischen Vorwurf: ‚Du kümmerst Dich nur um das Kind!'"

Die Verbindung mit Marie gab Pierre Curies Berufs- und Privatleben Auftrieb. Im Jahr seiner Heirat 1895 schloß er seine

Promotion ab, 17 Jahre, nachdem er sein Diplom gemacht hatte. Er war damals 36 Jahre alt, und vermutlich beschleunigte die bevorstehende Hochzeit sein Bemühen, die Doktorarbeit fertigzustellen. Drei Jahre nach ihrer Eheschließung wurden die Curies Partner beim Studium der gerade entdeckten Radioaktivität. Pierre steckte dafür seine laufende Forschung über Kristallphänomene auf. Anlaß dazu waren Maries Untersuchungen, die sie seit dem Ende des Jahres 1897 im Rahmen ihrer Dissertation durchführte.

Bis dahin hatte sie untersucht, wie sich die magnetischen Eigenschaften von Stahl bei verschiedenen Temperaturen je nach der chemischen Zusammensetzung unterscheiden. Ihr Forschungsgegenstand war ein Bereich gewesen, in dem sich ihr Mann bestens auskannte und bereits eine Autorität war. Sie hatte bei ihrer ersten, eigenständigen Arbeit von seinem umfassenden theoretischen Wissen und seiner reichen, praktischen Erfahrung profitiert. Ihr Arbeitsbericht, der überlang und nicht besonders originell ausfiel, zeugte vor allem von Fleiß, Ausdauer und Akribie. Neben dem Bettchen ihrer neugeborenen Tochter Irène hatte sie den Bericht zur Veröffentlichung fertiggestellt. Zur gleichen Zeit bereitete sie sich auf das Staatsexamen in Mathematik und Physik vor, um als Lehrerin an staatlichen Schulen unterrichten zu können. Nachdem sie 1896 auch diese Prüfung bestanden hatte, galt ihr ganzes Interesse der Wahl eines Dissertationsthemas.

Der Zufall wollte es, daß Marie Curie zur rechten Zeit an das richtige Thema geriet – an das Problem der natürlichen Strahlung von Uran, über das der französische Physiker Henri Becquerel gerade einen Forschungsbericht veröffentlicht hatte, der aber noch nicht sonderlich beachtet worden war. Marie Curie beriet sich eingehend mit ihrem Mann und beschloß, die von Becquerel gefundenen Strahlen zum Thema ihrer Doktorarbeit zu machen und die kleinen, in der Luft sich ausbreitenden Mengen Elektrizität, die mit den Uransalzen zu tun hatten, zu messen. Die Entscheidung des Ehepaares Curie für die Becquerel'schen Strahlen sollte die wichtigste berufliche und private Angelegenheit ihres Lebens werden.

Im Dezember 1897 begann Marie Curie, die winzige Menge elektrischer Ladungen, die das Uran an die Luft abgab, mit Hilfe des sogenannten Piezo-Elektrometers, das ihr Mann zusammen mit seinem Bruder vierzehn Jahre zuvor entwickelt hatte, systematisch zu messen. Von Anfang an war sie mit ihrem Projekt nicht allein: Das Laborbuch, in das sie vom 16. Dezember ab ihre Eintragungen machte, war eines, das Pierre Curie bereits für seine Kristalle benutzt hatte, und der erste Test, den sie beschrieb, war seine Erfindung. Es dauerte nur wenige Wochen, bis sie festgestellt hatte: Je grösser der Uranbestandteil in den untersuchten Materialien, desto intensiver war die Strahlung, unabhängig von der Art der chemischen Verbindung, Beleuchtung und Temperatur. Marie Curie hatte damit die Strahlung als Atomeigenschaft des Urans identifiziert. Diese einfache Erkenntnis sollte die Grundlage für die Erforschung der Atomstruktur im 20. Jahrhundert werden.

Marie Curie untersuchte in der Folge so viele Proben von Mineralien, wie sie auftreiben konnte, und stellte dabei fest, daß nur Thorium ähnliche natürliche Eigenschaften wie Uran besaß und Strahlen aussandte. Sie gab der neuen Eigenschaft von Uran und Thorium den Namen „Radioaktivität", teilte ihre vorläufigen Forschungsergebnisse bereits 1898 der französischen Akademie der Wissenschaften mit und arbeitete unverdrossen weiter. Nun beteiligte sich auch ihr Mann an ihren Experimenten, und die Curies begannen gemeinsam, Pechblende zu untersuchen, eine Uranverbindung, die weit aktivere Strahlen aussandte als das Uran selbst.

Ihre gemeinsame Arbeit in den folgenden Jahren ist auch der breiteren Öffentlichkeit bekannt und zum Mittelpunkt des Curie-Mythos geworden: Das Forscherpaar begann im April 1898 mit einer guten Tasse voll Pechblende – ganzen hundert Gramm – und sonderte die inaktiven Elemente mit Hilfe klassischer chemischer Techniken aus. Bereits im Juli fanden sie die eigentlich radioaktive Substanz. Von der gereinigten Substanz isolierten sie zwei neue Elemente mit weitaus stärkerer Radioaktivität als Uran. Dem einen gab Marie Curie in Erinnerung an ihr Heimatland nicht ohne nationale Sentimentalität den Namen „Polonium". Das andere, das sich tausendmal aktiver als Uran und in der Folge als das wichtigere und interessantere erwies, nannte sie „Radium".

Eine der grössten Schwierigkeiten bei der Erforschung der Radioaktivität lag darin, daß die intensiven Strahlungsquellen Radium und Polonium nur in geringen Spuren in der Pechblende vorkommen. Denn die Konzentrationen in der Pechblende betrugen weniger als ein Millionstel Teil. Von höchster Wichtigkeit war es aber, im Laufe der weiteren Forschungsarbeiten wägbare Mengen zu isolieren. Erst vier volle Jahre später sollte es Marie Curie gelingen, ein zehntel Gramm reines Radiumchlorid zu gewinnen. Damit wurde es möglich, beliebige wissenschaftliche Versuche anzustellen und auch schon sehr früh Radiumpräparate zur medizinischen Strahlentherapie zu verwenden.

Der Weg dorthin war mühsam: Wägbare Mengen der neuen Elemente Polonium und Radium, die die notwendigen Aussagen über deren Atomgewicht und Lichtspektrum erlaubten, konnten nur durch Verarbeitung sehr großer Mengen von Ausgangsmaterial gewonnen werden. Im Laufe der nächsten Jahre verarbeiteten die Curies sechzig Tonnen Uranrückstände, die ihnen die österreichische Regierung aus ihrer Mine in St. Joachimsthal gegen Erstattung der Transportkosten gratis zur Verfügung stellte. Sie bereiteten die Berge von Pechblende in und vor einem alten Geräteschuppen der Fachochschule für Physik und Chemie auf, und was sie dabei unternahmen, hatte kaum mehr Laboratoriumscharakter.

Marie Curie spezialisierte sich in dieser Phase auf die Rolle der Chemikerin und trennte die neuen Stoffe, während ihr Mann in Arbeitsteilung die physikalischen Eigenschaften auf den Stufen der chemischen Trennung untersuchte. Der chemische Trennungsprozeß war die eigentliche Knochenarbeit, der körperlich anstrengendere Teil und für eine Frau extrem undankbar: Es mußte mit riesigen Fässern, Bottichen und Kannen hantiert und rund um die Uhr mit einem langen Eisenstab in heißer Pechblende gerührt werden, um die Stadien der Trennung zu bewältigen.

Nach einem Jahr härtester Arbeit merkten Marie und Pierre Curie bereits, daß sie die Aufgabe, aus den vielen Tonnen Pechblende eine Spur reines Radium zu isolieren, nicht allein bewältigen konnten. 1899 wandten sie sich deshalb an die „Société centrale des produits chimiques" – eine Firma, die bereits die von Pierre Curie entwickelten physikalischen Instrumente vertrieb – und schlugen eine industrielle Aufbereitung vor. Die Firma bezahlte die Chemikalien und Mitarbeiter und erhielt im Gegenzug einen Teil des Radiums, das sie anschließend teuer verkaufte. Der Ingenieur André Debierne, ein Mitarbeiter Pierre Curies, übertrug das Extraktionsverfahren auf industrielle Maßstäbe. Das so gewonnene Radiumsalz reinigte Marie Curie im Labor.

Im April 1902 verfügte sie endlich über eine ausreichende Menge (ein Zehntel Gramm) Radiumchlorid – nach langwieriger, mühevoller und monotoner Arbeit, die unendlich viel körperlichen Einsatz, Geduld und Anstrengung erfordert hatte. Nach gut vierjährigem Einsatz gelang es Marie Curie damit, zwei Präparate herzustellen, deren Radioaktivität bedeutend höher war als die des Uranoxids. Zudem ließ sich deren Atomgewicht bestimmen. Bis zur Reindarstellung des Radiumchlorids sollten noch weitere fünf Jahre gleichförmiger chemischer Reinigung vergehen.

Die Arbeit, die Marie Curie bei der Konzentration und schließlich bei der Reindarstellung der Radiumsalze ausgeführt hatte, war insofern neuartig, als sie anfänglich mit Substanzmengen umgehen mußte, die wegen ihrer verschwindend geringen Menge unsichtbar waren. Der Erfolg jeder analytisch-chemischen Operation konnte nur durch die Zunahme der Strahlung, also durch elektrometrische Messungen festgestellt werden. Dieses Verfahren, das von Pierre und Marie Curie damit in die Wissenschaft eingeführt wurde, war lange die grundlegende Arbeitsweise der Radiochemie.

Am 25. Juni 1903 legte Marie Curie an der Sorbonne ihre mündliche Doktorprüfung ab. Sie wurde zum ersten weiblichen Doktor der Physik an der Sorbonne promoviert. Auf dem Titelblatt ihrer rund hundert Seiten langen, schriftlichen Arbeit stand: „Forschungen über radioaktive Stoffe von Frau Sklodowska-Curie". Sie erhielt die Note „très honorable".

Die Ergebnisse der Forschungen, die eigentlich nur eine Dissertation hatten werden sollen, begannen Kreise zu ziehen. Kurz nach Maries Promotion wurde den Curies von der Londoner Royal Society eine ihrer höchsten Auszeichnungen, die Davy-Medaille, verliehen. Noch im November des gleichen Jahres 1903 folgte der Nobelpreis für Physik. Er wurde erst zum dritten Mal vergeben und ging im Falle von Marie Curie sogar an einen Wissenschaftler, wie er Alfred Nobel vermutlich vorgeschwebt hatte, als er seinen Preis ausdrücklich jungen, um ihre Anerkennung ringenden Forschern für eine im Vorjahr gemachte, wichtige Entdeckung zugeeignet hat.

Tatsächlich steckte die berufliche Laufbahn der Curies zur Zeit ihres Nobelpreises 1903 noch immer in den Anfängen. Selbst als Stockholmer Laureaten waren Pierre und Marie Curie zunächst weder Mitglieder der Fakultät an der Universität noch hatten sie eigene Laborräume oder finanzielle Unterstützung. Einen Teil des mit dem Nobelpreis zuerkannten Geldes benutzten sie, um einen Assistenten für ihr Labor anzustellen und einige unentbehrliche Geräte für ihre Arbeit anzuschaffen. Um ihren Lebensunterhalt zu verdienen und in der Freizeit ihre Forschungen durchführen zu können, mußten beide weiterhin Lehraufträge annehmen. Pierre Curie gab Kurse in Physik, Chemie und Naturgeschichte an der Sorbonne, Marie Curie arbeitete als Teilzeitlehrerin für Physik an einer Mädchenoberschule in der Nähe von Paris.

Erst im November 1904 bekam Pierre Curie endlich einen Lehrstuhl an der Pariser Universität, dazu ein Laboratorium mit drei Assistenten, zu denen seine Frau als Laborleiterin gehören durfte. Es war das erste Mal, daß sich Marie Curies langjährige Investititonen an wissenschaftlicher Arbeit endlich auch in einem monatlichen Gehalt niederschlugen.

Marie Curies eigene bemerkenswerte Karriere begann letztlich erst nach dem tragischen Unfalltod ihes Mannes: Statt sich mit der ihr angebotenen, großzügigen Staatspension zu bescheiden, schaffte es die achtunddreißigjährige Witwe, inzwischen Mutter zweier Töchter, der neunjährigen Irène und der zweijährigen Eve, die Nachfolge Pierre Curies auf dessen Lehrstuhl an der Sorbonne antreten zu können. Bereits im Mai 1906 übernahm Marie Curie ihren Posten als außerordentliche Professorin, zwei Jahre später wurde sie zur ordentlichen Professorin berufen. Unermüdlich forschte sie weiter und konnte 1911 in Brüssel einer internationalen Kommision ein Präparat von knapp 22 Milligramm reinem Radiumchlorid vorlegen, die es zum „Internationalen Radiumstandard" erklärte. Seitdem entspricht ein „Curie" der Aktivität von einem Gramm reinem, natürlichen Radium pro Sekunde. Im November 1911 erhielt Marie Curie ihren zweiten Nobelpreis, diesmal den für Chemie und ungeteilt, mit der Begründung, „daß die Entdeckung des Radiums noch nicht Gegenstand einer Auszeichnung" gewesen sei.

Marie Curies Forscherleben „in Amt und Würden" dauerte nach dem zweiten Nobelpreis noch weitere dreiundzwanzig Jahre. Die in gemeinsamer Arbeit mit ihrem Mann erzielten Forschungsergebnisse baute sie im Laufe der Jahre mit einem immer größeren Mitarbeiterstab weiter aus, und das Personal in ihrem Labor ersetzte ihr mehr und mehr die eigene Familie. Allein in der Zeit von 1919 bis zu ihrem Tod 1934 veröffentlichte Marie Curie 31 eigene wissenschaftliche Arbeiten. Insgesamt gingen aus ihrem Institut in diesen Jahren 483 Arbeiten an die Öffentlichkeit. Die Folge waren breite, internationale Anerkennung und zahlreiche Ehrungen, Auszeichnungen und Ehrendoktorate in Europa und Übersee. Wo immer Marie Curie selbst geehrt wurde, tat sie bis an ihr Lebensende alles, um auch die Erinnerung an ihren Mann Pierre wachzuhalten. Bereits 1908 gab sie Pierres Werke („Oeuvres") heraus und verfaßte dazu ein Vorwort. 1923 erschien die Biographie, die sie über ihren Mann geschrieben hatte. Auch in späteren Jahren nahm sie immer wieder Bezug auf die Arbeit ihres Mannes.

Kaum eine Ehe unter Wissenschaftlern ist wohl so produktiv gewesen wie die elf gemeinsamen Jahre von Marie und Pierre Curie. Ohne Zweifel war der acht Jahre ältere Pierre Curie seiner Frau zunächst in Sachen Forschung an Erfahrung, Durchblick und bereits erworbenen Verdiensten weit überlegen. Maries erste wissenschaftliche Gehversuche als frischgebackene Diplomandin in Physik und Chemie kurz nach ihrer Heirat fanden nicht nur in Pierres Labor in der Fachhochschule für Physik und Chemie, sondern auch auf seinem Spezialgebiet des Magnetismus statt. Die Ergebnisse gelten unter Fachleuten als anerkennenswert, aber nicht als besonders originell.

Auch an der Wahl von Maries Dissertationsthema war Pierre Curie entscheidend beteiligt. Mehr noch als seine Frau wird er ermessen haben, daß die von Becquerel kurz zuvor entdeckte natürliche Strahlung des Urans wissenschaftliches Neuland bot, das zu beackern lohnte. Pierre Curie hatte dabei guten Grund, seiner Frau zu diesem einen unter tausend anderen Themen zu raten: Dank des von ihm zusammen mit seinem Bruder Jacques entwickelten, nach dem piezo-elektrischen Prinzip arbeitenden Elektrometers und dank seiner Erfahrung im Umgang mit diesem Instrument war Marie besser als andere Forscher gerüstet, quantitative Messungen zur Klärung der Becquerelschen Strahlen anzustellen.

Nachdem Marie Curie mit ihren Experimenten begonnen hatte, stand ihr Mann ihr weiterhin unermüdlich mit seinem Rat zur Seite. Ihre eigenen Schilderungen lassen keinen Zweifel daran, daß sie auch den kleinsten Schritt ihrer Arbeit stets mit ihm durchgesprochen hat. Damit nicht genug: Nach kurzer Zeit wurde aus der bloßen Beratung tatkräftige Mitarbeit. Pierre ließ – offenbar von wissenschaftlicher Neugierde getrieben – seine eigenen Untersuchungen über Kristalle liegen und beschloß, seiner Frau bei der Entdeckung des Radiums zu helfen.

Da die originalen Labornotizen noch erhalten sind, läßt sich genau verfolgen, in welchem Ausmaß jeweils beide Eheleute an den Untersuchungen beteiligt waren. Anfangs zeigt der Text nur die Schriftzüge von Marie Curie, mit gelegentlichen Randbemerkungen Pierres. Aber von dem Zeitpunkt an, als die große Bedeutung der Messungen klar wurde, wechseln beide Handschriften oft auf ein und derselben Seite ab, ob es sich nun um chemische oder physikalische Untersuchungen handelt.

Allerdings kam es in der Kooperation des Zweier-Teams bald zu einem kritischen Moment: Die Mühsal der technischen Bearbeitung des Urans war so groß, daß Pierre Curie eines Tages ernsthaft den Kampf aufgeben wollte. Er erklärte, er wolle die Isolierung des Radiums auf später verschieben und erst noch das Wesen der neuen Strahlung ergründen. Pierre plädierte dafür, das neu entdeckte Element Radium zunächst physikalisch zu erforschen.

Marie Curie hielt das für einen Fehler. Sie meinte, die Chemiker überall in der Welt erwarteten mit Recht, daß das Radium zunächst einmal wirklich gesehen und gewogen werde und daß sein Atomgewicht und seine sonstigen Eigenschaften festgestellt würden, damit sie es anerkennen könnten. Marie Curie setzte sich ihrem Mann gegenüber durch. Das Paar einigte sich darauf, daß Marie sich auf die Arbeit der Chemikerin spezialisierte und die neuen Stoffe trennte, während Pierre die physikalischen Eigenschaften der Stoffe auf den verschiedenen Stufen der chemischen Trennung untersuchte. Spätestens von diesem Zeitpunkt an muß auch kritischen Betrachtern aufgegangen sein, daß Marie Curies beharrlicher Einsatz und ihre Arbeitsbesessenheit einen entscheidenden Anteil an den gemeinsamen Forschungen mit ihrem Mann hatten.

Im weiteren Verlauf der Arbeiten zur Isolierung des Radiums waren es wohl vor allem die praktischen Talente Marie Curies, die letztlich zum durchschlagenden Erfolg verhalfen. Denn der notwendige chemische Trennungsprozess war weniger eine intellektuelle Bravourleistung als eine staunenswerte Knochenarbeit. Marie Curies Part bei der gemeinsamen Forschung war der körperlich anstrengendere Teil und für eine Frau extrem beschwerlich. Die relativ kleine, zarte Person mußte die schweren Behälter mit Pechblende transportieren, die für die ersten Stadien der Trennung erforderlich waren, mußte deren Inhalt von dem einen in den anderen umfüllen und manchmal den ganzen Tag mit einem Eisenstab, der fast so groß war wie sie selbst, in der heißen, dampfenden Flüssigkeit rühren. Marie Curies Ausdauer, Energie und Willensstärke, ihre unerschütterliche Entschlossenheit und zähe Hingabe an die selbst gestellte Aufgabe nötigte wohl auch ihren Mann – nicht selten gegen dessen bessere Einsicht – zum Mit- und Weitermachen und damit letztlich zum Erfolg.

Die Gloriole, mit der die Geschichte Marie Curie umgeben hat, ist auch ein Tribut an ihr Durchhaltevermögen. Als die größten wissenschaftlichen Leistungen der Curies gelten die Entdeckung von Radium und Polonium sowie die Annahme, daß die Radioaktivität dieser Elemente ihrem Wesen nach atomar ist. Die Reinigung des Radiumchlorids und die Bestimmung des Atomgewichts scheinen dagegen – wissenschaftlich betrachtet – eher Routine und von sekundärer Wichtigkeit. Marie Curie hatte diese allerdings unter solch widrigen Umständen bezwungen, daß legendäre Züge erhielt, was sie durchführte.

Bereits zu einem frühen Zeitpunkt ihrer Forscherkarriere erkannte Marie Curie, daß sie auch oder gerade wegen der engen wissenschaftlichen Zusammenarbeit mit ihrem Mann um ihre Anerkennung als eigenständige Naturwissenschaftlerin würde kämpfen müssen. Die Zweifel mancher Kollegen an ihrer Fähigkeit, als Frau eine derart originäre Arbeit zu leisten, waren deutlich genug. Selbst ihr langjähriger Lehrer und Vorsitzender bei ihrer Promotion, Gabriel Lippmann, hatte zusammen mit seinen Pariser Kollegen dem Nobel-Komitee in Stockholm lediglich ihren Mann für die zweite Hälfte des Physik-Nobelpreises 1903 vorgeschlagen und Marie Curie selbst dabei in keiner Weise erwähnt.

Auf die Geringschätzung ihrer eigenen Person reagierte Marie Curie mit einer Flucht nach vorn: Das erste Wort ihrer ersten Veröffentlichung über die Strahlung war „Ich", und auch später sprach sie bei jeder Gelegenheit unzweideutig aus, für welche Forschungsergebnisse sie und nur sie allein verantwortlich war. Sie wies durchaus auf die Leistungen ihrer Mitarbeiter hin, nicht zuletzt auf die ihres Mannes, aber sie ließ niemals Zweifel an ihrem geistigen Eigentum aufkommen.

Dieses Selbstbewußtsein zeigte sie noch auf andere Weise. Sie, die von Natur aus eher schüchtern und zurückhaltend war, entwickelte verbales Durchsetzungsvermögen, sobald es um ihr spezielles Interessengebiet der Radioaktivität ging. Mitarbeiter und Kollegen haben immer wieder vermerkt, daß sie es war, die bei Gesprächen die Richtung bestimmte und nicht die anwesenden Männer.

Wie schwer muß es Marie Curie unter diesen Umständen gefallen sein, im Juni 1905 in Stockholm im Publikum zu sitzen und ihren Mann bei seinem erst verspätet gehaltenen, offiziellen Vortrag über die Resultate ihrer gemeinsamen Arbeit berichten zu hören. Es ist nicht bekannt, ob Marie Curie ihrem Mann freiwillig den Vortritt gelassen hat oder ob sie gar nicht erst eingeladen wurde, in eigener Person die Ergebnisse ihrer Arbeit, die ja eigentlich die Grundlage ihrer Dissertation waren, darzustellen.

Im Jahre 1911 hatte Marie Curie dann Gelegenheit, für sich selbst zu sprechen. In ihrem eigenen Vortrag anläßlich des zweiten, allein zuerkannten Nobelpreises für Chemie ließ sie keinen Zweifel aufkommen, welche Leistungen sie für sich beanspruchen konnte, und zwar ausschließlich für sich. Zu häufig hatte sie den Vorwurf gehört, daß ihre Leistung letztlich vor allem Pierre Curie zu verdanken gewesen sei. Nun benutzte sie unüberhörbar Personal- und Possessivpronomen, um den Zuhörern ihre Eigentumsrechte klarzumachen. Sie redete von ihrem Gegenstand als dem „den *ich* Radioaktivität genannt habe" und „von *meiner* Hypothese, daß die Radioaktivität eine Eigenschaft des Atoms ist". Zum Schluß sagte sie noch einmal ganz deutlich „Die chemische Arbeit mit dem Ziel, Radioaktivität im Zustand eines reinen Salzes zu isolieren und es als neues Element zu kennzeichnen, wurde speziell *von mir* durchgeführt."

Irène und Frédéric Joliot-Curie

Am 12. September 1887 finden sich im Haushaltsbuch des jungen Paares in der Spalte „Außergewöhnliches" gleich drei Eintragungen: „Champagner – 3 Francs", „Telegramm – 1 Franc 10" und „Apotheke und Pflegerin – 71 Francs 50". Anlaß für den Ausgaben-Exzeß der Curies war die Geburt ihrer Tochter Irène.

Kurz nach der Niederkunft machte sich die junge Mutter wieder an ihre wissenschaftliche Arbeit. Neben der Wiege ihres Säuglings bereitete Marie Curie ihren Bericht über den Magnetismus gehärteten Stahls zur Veröffentlichung vor. Es war ihre erste eigenständige Forschungsarbeit, für die sie zwei Jahre lang im Labor ihres Mannes experimentiert hatte. Noch im gleichen Jahr begann sie ihre Dissertation. Zusammen mit ihrem Mann Pierre untersuchte sie das von Henri Becquerel entdeckte Phänomen der Uranstrahlung und entdeckte bald zwei neue radioaktive Elemente, Polonium und Radium. Ihre Forschungen trugen ihr im Juli 1903 den Doktorhut und zum Jahresende zusammen mit ihrem Mann und Becquerel den Nobelpreis für Physik ein.

Als Marie Curie 1911 in Stockholm ihren zweiten Nobelpreis entgegennahm, saß unter den Zuschauern ihre vierzehnjährige Tochter. Irène erhielt ein Vierteljahrhundert später am gleichen Ort ihren eigenen Nobelpreis für Chemie – als zweite Frau, die mit dieser Trophäe in den Naturwissenschaften ausgezeichnet wurde. Bis heute gibt es nur acht Nachfolgerinnen.

Zu einer Zeit, als sich andere Mädchen und Frauen noch mühsam gegen Vorurteile den Zugang zum Studium der Naturwissenschaften erkämpfen mußten, war für Irène Curie der Weg zu den höchsten Weihen der Wissenschaft in unvergleichlicher Weise geebnet. Sie wuchs in einem Milieu auf, das sie für eine wissenschaftliche Karriere prädestinierte wie kaum eine Frau zuvor.

Zunächst war es der verwitwete Großvater, der Irène Curies Persönlichkeit prägte. Er wurde zur eigentlichen Bezugsperson des kleinen Mädchens, weil die Mutter den ganzen Tag im Labor arbeitete und der Vater 1906 bei einem Verkehrsunfall starb. Der

Irène Joliot-Curie (1897–1956) und Frédéric Joliot-Curie (1900–1958)

alte Doktor Curie pflanzte seiner Enkelin die demokratischen und sozialen Ideale ein, mit denen er an der Revolution von 1848 teilgenommen und 1871 als Arzt hinter den Barrikaden der Pariser Kommune ein Krankenhaus organisiert hatte.

Nach Eugène Curies Tod übernahmen wechselnde Kindermädchen aus Polen die Verantwortung über den Alltag der zwölfjährigen Irène und ihrer sieben Jahre jüngeren Schwester Eve. Marie Curie lag vor allem eine zeitige wissenschaftliche Erziehung ihrer Töchter am Herzen. Als ihre Älteste die Grundschule absolviert hatte, verlegte sie das Gymnasium kurzerhand nach Hause: Zusammen mit Universitätskollegen, die Söhne und Töchter im gleichen Alter hatten, gründete sie eine Unterrichtsgemeinschaft für zehn Kinder, bei der sich Hochschulprofessoren in die Aufgabe teilten, den eigenen halbwüchsigen Nachwuchs auf Universitätsniveau lernen zu lassen. Marie Curie lehrte Physik, Paul Langevin Mathematik, Jean Perrin Chemie und dessen

Frau Henriette Geschichte und Geographie. Zwei Jahre hielten die Eltern das ambitiöse Projekt durch. Der temporäre Sonderunterricht vermittelte Irène Curie hervorragende naturwissenschaftliche Kenntnisse und weckte ihren Ehrgeiz, es der Mutter gleichzutun. Sie ging anschließend auf das Collège Sévigné, wo sie kurz vor dem Ausbruch des Ersten Weltkrieges das Abitur machte.

Irène Curie wird in ihrer Kindheit als seltsames, kleines Wesen geschildert: grünäugig, mit kurz gestutzten Haaren, unbeholfen in den Bewegungen und spröde im Umgang, ganz anders als ihre Schwester Eve, die hübsch, graziös und zutraulich war. Offenbar hatte Irène nicht nur die Begabung ihrer beiden Eltern, sondern auch deren Schüchternheit geerbt. Im Jahre 1903 brachte der Nobelpreis eine Flut öffentlicher Aufmerksamkeit, und viele Journalisten und Besucher kamen zu den Curies nach Hause. Irène fühlte sich in dieser Zeit besonders abseits und einsam. Denn ihre Eltern widmeten die meiste Zeit ihrem anderen Kind, dem Radium. Zunächst eifersüchtig auf das Radium, später auf die kleine Schwester Eve, die 1904 geboren wurde, suchte Irène Curie die Aufmerksamkeit ihrer Mutter auf andere Weise zu fesseln: Sie bekam das, was man heute Magersucht nennt.

Nach Pierre Curies Unfalltod 1906 suchte Marie Curie in wachsendem Maße die Zuneigung und Nähe ihrer älteren Tochter. Weil sie so sehr ihrem Vater ähnelte, entstand zwischen ihr und der Mutter eine tiefe geistige Beziehung, und Irène wurde schon in jungen Jahren zum wichtigen Gesprächspartner ihrer Mutter. Je älter sie wurde, um so mehr wuchs sie in die vormalige Rolle ihres Vaters als wissenschaftlicher Partner und Gefährte ihrer Mutter hinein.

Nach dem Abitur trat Irène Curie vollends in die mütterlichen Fußstapfen. In der Zeit zwischen 1914 und 1920 studierte sie wie einst Marie Curie an der Sorbonne Physik und Mathematik und machte in beiden Fächern ihr Diplom. Nebenbei absolvierte sie eine Sanitätsausbildung und arbeitete während des Ersten Weltkrieges viele Monate lang als Krankenschwester in der französischen Armee, wo sie ihrer Mutter beim Röntgen verwundeter Soldaten half.

Schon die Siebzehnjährige zeigte dabei die gleiche physische und psychische Widerstandskraft wie ihre Mutter. Als Irène achtzehn wurde, war sie bereits in der Lage, den von Marie Curie eingerichteten Röntgendienst in einem anglo-kanadischen Hospital in Flandern wenige Kilometer hinter der Front selbständig zu leiten. Später half sie ihrer Mutter bei der Ausbildung von Personal für die wachsende Zahl ambulanter Röntgeneinrichtungen.

Die Verbundenheit von Mutter und Tochter nahm nach dem Krieg durch ihre gemeinsamen Interessen weiter zu. 1918 wurde Irène Assistentin am Pariser Radium-Institut, dem ihre Mutter als Direktorin vorstand. 1921 begann sie mit eigener Forschung. Ihre erste bedeutende Untersuchung betraf die Reichweite der Alphastrahlung des Poloniums. Die Ergebnisse dieser Arbeit waren Gegenstand ihrer Doktorprüfung im März 1925. Auf das Deckblatt ihrer Dissertation schrieb sie: „Für Madame Curie von ihrer Tochter und Schülerin".

Auf Kommilitonen und Kollegen wirkte Irène Curie ähnlich rätselhaft wie einst ihre Mutter, ohne daß ein zartes, feminines Äußere wie seinerzeit bei der jungen Marie Curie diesen Eindruck milderte. Noch als Endzwanzigerin war Irène eher wortkarg, abweisend und schroff, dabei durchaus selbstbewußt und eigensinnig. Auf die Frage einer Journalistin, ob die Laufbahn, die sie sich ausgesucht habe, nicht etwa zu anstrengend für eine Frau sei, antwortete sie im März 1925: „Überhaupt nicht. Ich glaube, daß die naturwissenschaftliche Befähigung von Männern und Frauen völlig gleich ist." Allerdings, „eine Frau sollte weiblichen Verpflichtungen entsagen ... Für meinen Teil denke ich, daß die Wissenschaft das erstrangige Interesse in meinem Leben sein wird."

Ein Jahr später teilte Irène Curie ihrer Mutter eines Morgens beim Frühstück mit, daß sie beschlossen habe zu heiraten. Ihr Auserwählter war Frédéric Joliot, Marie Curies eigener Assistent im Labor, den Paul Langevin empfohlen hatte. Joliot (1900-1958) war begabt, ebenso gut aussehend wie lebhaft und charmant und im übrigen fast drei Jahre jünger als Irène Curie. Bereits im Herbst 1926 waren die beiden verheiratet, und Joliot hängte an seinen eigenen Namen den berühmten seiner Frau an. Böse Zungen unkten, daß die Verbindung nicht lange halten würde. Die Ehe wurde jedoch wissenschaftlich und privat ein Erfolg. Aus ihr ging die dritte Generation der Forscher-Dynastie hervor, eine Tochter und ein Sohn, die später ebenfalls Naturwissenschaftler wurden.

Frédéric Joliot verhalf Irène Curie zu einem seelischen Gleichgewicht, das sie in ihrer Herkunftsfamilie kaum gefunden hätte. Alle Anzeichen sprechen dafür, daß sie als Ehefrau gelöster und glücklicher war als zuvor im Schatten der übermächtigen Mutter. Als sie selbst Mutter wurde, hing sie stärker an ihren Kindern, als es ihre eigene Mutter getan hatte.

Noch bevor Irène und Frédéric Joliot-Curie eine entscheidende Entdeckung gemacht hatten, galten sie bereits als ein Paar potentieller Starwissenschaftler. Tatsächlich bescherte ihre gemeinsame Arbeit den beiden Weltruhm. Dabei geraten ihre jeweiligen Einzelleistungen leicht aus dem Blick: Der von beiden benutzte Doppelname verdeckt die Tatsache, daß Irène und Frédéric nur 33 Veröffentlichungen gemeinsam publiziert haben. Die Zahl der Artikel, die jeder von ihnen allein geschrieben hat, ist größer: Von Irène stammen 42 eigene Beiträge, von Frédéric sogar 44. Das überrascht nicht. Denn die eigentliche Zusammenarbeit des Paares hat letztlich nicht viel mehr als fünf Jahre gedauert – von 1929 bis 1935.

In vieler Hinsicht war Frédéric Joliot das genaue Gegenteil seiner Frau, aber ihre Wesensmerkmale ergänzten sich offenbar vorzüglich. Die enge wissenschaftliche Zusammenarbeit zwischen Irène und ihrem Ehemann getreu dem Vorbild ihrer Eltern begann erst 1929, also drei Jahre nach der Heirat, und galt der gemeinsamen Erforschung der Alphastrahlen, die vom Polonium ausgesandt wurden. Die Versuche waren schwierig und gefährlich wegen der sehr hohen Giftigkeit des Poloniums.

In gewisser Weise reproduzierten die Joliot-Curies dabei die Komplementarität, die einst Pierre und Marie Curie zum Erfolgsduo gemacht hatte: Ähnlich wie Pierre Curie, der seinerzeit ein hochempfindliches Elektrometer gebaut hatte, das es Marie erlaubte, sehr schwache Strahlung zu messen, erwies sich Frédéric Joliot als Experte in der Konstruktion neuer wissenschaftlicher Geräte. 1931 baute er eine verbesserte Wilson'sche Nebelkammer. Mit diesem Gerät liessen sich die Bahnen elektrisch geladener Teilchen durch die Kondensation übersättigten Wasserdampfes sichtbar machen.

In den ersten Jahren ihrer Kooperation war die wissenschaftlich erfahrenere, ältere Irène der führende Kopf im Team Joliot-Curie, ähnlich wie einst Pierre bei den Curies. Frédéric Joliot kamen allerdings seine Forschungen über Polonium im Rahmen seiner Dissertation bei der Zusammenarbeit zugute. Er entwickelte sich zum Experten für die Herstellung sehr dünner Metallblättchen, was sich als äußerst nützlich für das weitere Studium der Wechselwirkung von Materie und Strahlung erwies.

Nicht nur die Joliot-Curies, auch andere Forscher arbeiteten in den dreißiger Jahren über Radioaktivität, so Ernest Rutherford und James Chadwick am Cavendish Laboratory in Cambridge, Enrico Fermi in Rom und Otto Hahn und Lise Meitner am Kaiser-Wilhelm-Institut in Berlin. Das französische Paar verfügte von allen wohl über das breiteste experimentelle Wissen. Allerdings fehlte den beiden vermutlich der theoretische Hintergrund, der letztlich ihre Konkurrenten erfolgreicher machte. Zunächst jedenfalls waren Irène und Frédéric Joliot-Curie nicht in der Lage, die theoretische Bedeutung der von ihnen experimentell ermittelten Daten zu erfassen. So verpaßten sie die Entdeckung des Neutrons, obwohl sie ihr den Weg geebnet hatten. Es blieb dem Engländer Chadwick in Cambridge überlassen, das Neutron als Teilchen zu identifizieren.

Die Joliot-Curies ließen sich jedoch nicht entmutigen, sondern machten sich daran, die Neutronen experimentell zu untersuchen. Bald waren sie in der Lage, deren Masse und Emissionsgeschwindigkeit zu identifizieren. Bei der Solvay-Konferenz in Brüssel im Oktober 1933, an der auch die alte Marie Curie in sehr geschwächtem Zustand teilnahm, hielten Irène und Frédéric Joliot-Curie einen Vortrag über die Nutzung von Alphastrahlen beim Beschuß von Atomkernen. Sie ernteten nicht viel Begeisterung. Besonders Lise Meitner äußerte Zweifel an der Genauigkeit der experimentellen Ergebnisse der Franzosen.

Doch letztlich war der Erfolg auf der Seite der Joliot-Curies: Mitte Januar 1934 führten sie das entscheidende Experiment durch, das auf seine Weise für die Geschichte der Physik ebenso bedeutsam wurde wie Marie und Pierre Curies Identifizierung des Radiums knapp vierzig Jahre vorher: Irène und Frédéric Joliot-Curie bestrahlten Aluminium-Folien mit Alpha-Teilchen. Als sie aufhörten, das Blatt Aluminium mit Alpha-Teilchen zu bombardieren, gab es trotzdem weiter positive Elektronen ab. Die Joliot-Curies erkannten, daß sie das ursprüngliche Material in ein radioaktives Silizium-Isotop, also einen Atomkern in einen anderen umgewandelt und damit erstmals von Menschenhand ein radioaktives Element erzeugt hatten. Sie hatten die „künstliche Radioaktivität" entdeckt.

Ihre Entdeckung brachte den beiden bereits im Jahr darauf den gemeinsamen Chemie-Nobelpreis ein. Es war der dritte, der an die Familie Curie ging. Marie Curie erlebte noch den wissenschaftlichen Durchbruch von Tochter und Schwiegersohn, nicht aber ihren Triumph in Stockholm, der ihren eigenen und Pierre Curies Erfolg 32 Jahre zuvor wiederholte. Immerhin konnte sie noch die erste Probe des neuen, künstlich radioaktiven Isotops entgegennehmen, das ihr Irène und Frédéric in einem kleinen Glasröhrchen als Geschenk überreichten. Die beiden folgten auch darin dem Muster der Curies, die seinerzeit nach ihrer großen, eigenen Entdeckung an Wissenschaftler, die sie bewunderten, Glasröhrchen mit Radium zu schenken pflegten.

Bei der Nobelpreis-Verleihung in Stockholm verfuhren Irène und Frédéric Joliot-Curie allerdings anders als drei Jahrzehnte zuvor die Curies: Während damals Pierre die Rede gehalten und Marie still ihm zur Seite gesessen hatte, teilten sich Tochter und Schwiegersohn die Ansprache. Sie berichtete, wie es zu der Entdeckung gekommen war, und er beschrieb, auf welche Weise sie die künstlich geschaffenen Isotope chemisch identifiziert hatten.

Nach dem Nobelpreis erhielten die Joliot-Curies akademische Positionen, die ihre gemeinsame Forschung enden ließen. Die beruflichen Wege des Ehepaares trennten sich, als Irène 1937 zur Professorin an der Sorbonne und Frédéric zum Professor am Collège de France ernannt wurde. Er bekam zugleich die Mittel zum Aufbau von insgesamt drei Laboratorien und befaßte sich von da an mit dem Prozeß der Kernspaltung und ab 1939 mit den Möglichkeiten einer Kettenreaktion.

Nach Joliots Weggang aus dem Radium-Institut setzte Irène ihre radiochemischen Experimente dort mit anderen Mitarbeitern fort. Sie untersuchte die bei der Bestrahlung mit Neutronen aus dem Urankern anfallenden Produkte, ein Thema, über das auch Otto Hahn und Lise Meitner in Berlin forschten. Als sie 1938 Uran mit Neutronen beschoß, stellte sie fest, daß sie radioaktive Teilchen mit einer Halbwertzeit von 3,4 Stunden erzeugt hatte, und identifizierte ihre chemischen Eigenschaften als sehr ähnlich denen von Aktinium und Lanthan. Sie zog allerdings keine theoretischen Schlüsse aus ihrer Beobachtung.

An Irène Joliot-Curies Stelle tat das dann ihre langjährige Rivalin Lise Meitner, die eine ebenso erfahrene Exprimentatorin wie Theoretikerin war. Zusammen mit ihrem Neffen, dem Physiker Otto Robert Frisch, deutete Meitner Weihnachten 1938 in ihrem schwedischen Exil aus Otto Hahns Versuchsergebnissen über das Barium die atomare Kernspaltung. Frédéric Joliot soll im nachhinein bitter angemerkt haben, daß die Kernspaltung vor dem deutschen Team entdeckt worden wäre, wenn er bei Irène im Labor gewesen wäre. Sein Kommentar verriet sein wachsendes Selbstbewußtsein in seiner Rolle als unentbehrlicher Mitarbeiter seiner Frau.

Zur Zeit der deutschen Invasion blieb Irène Joliot-Curie mit den übrigen Wissenschaftlern in ihrem Institut. Während Frédéric Joliot für den kommunistischen Widerstand arbeitete, hielt sie sich aus Sorge um ihren Mann und die halbwüchsigen Kinder aus den politischen Konflikten heraus. Ihr Familienleben, speziell die Zuwendung zu der 1927 geborenen Hélène und dem 1932 gefolgten Sohn Pierre, scheint alle ihre Aufmerksamkeit beansprucht zu haben, als ihr Mann begann, seine Autorität in der Öffentlichkeit geltend zu machen. 1944 mußte Frédéric Joliot untertauchen. Seine Frau flüchtete daraufhin mit den beiden Kindern in die Schweiz.

Im befreiten Frankreich avancierte das Ehepaar Joliot-Curie nicht nur zu neuer wissenschaftlicher, sondern auch zu politischer Prominenz: Frédéric wurde Direktor des Conseil National des Recherches Scientifiques, der Dachorganisation staatlicher Forschungsinstitute in Frankreich. Irène wurde Direktorin des Radium-Institutes, das gut drei Jahrzehnte zuvor für ihre Mutter geschaffen worden war. Außerdem wurde sie eine von drei Direktoren der neuen Französischen Atomenergiekommission, die Frédéric als Hoher Kommissar leitete. Schon 1936 hatte sich Irène einmal auf der Welle der Frauenbewegung in der praktischen Politik versucht, als sie, vom Sozialisten Léon Blum zum ersten weiblichen Kabinettsmitglied gekürt, kurze Zeit Forschungsministerin in dessen Volksfrontregierung war. Die Administration wurde ihr allerdings bald langweilig, und sie gab das Amt bereits nach zwei Monaten wieder auf. Ihr zweiter Ausflug in die Politik 1946 als Direktorin der Atomenergiekommission dauerte immerhin vier Jahre: Ihr Mandat wurde nicht verlängert, als sie in Sippenhaft geriet, weil Frédéric 1950 wegen seiner kommunistischen Sympathien von seinem eigenen Posten abberufen wurde.

Die politische Isolation und wachsende gesundheitliche Probleme bremsten Irène Joliot-Curie nicht: Sie begann nun mit der Planung eines neuen nuklearphysikalischen Instituts in Orsay im Süden von Paris. Die modernen technischen Arbeitsbedingungen dort, von denen ihre Tochter Hélène Langevin Jahre später profitierte, hat sie nicht mehr erlebt. Irène Joliot-Curie starb mit 58 Jahren am 17. März 1956 in Paris – zwei Jahre vor ihrem Mann und wie ihre Mutter an akuter Leukämie, also letztlich an den Folgen der Strahlen, denen sie sich – unzureichend geschützt – jahrelang ausgesetzt hatte. Selbst der Tod war damit für Irène Curie noch nach dem Muster der berühmten Mutter, mit der sie sich zeit ihres Lebens identifiziert hatte.

Irène Curies Karriere verlief einzigartig in der Geschichte der Wissenschaft: Als Tochter des berühmten Nobelpreisträgerpaares Marie und Pierre Curie wurde sie selbst zur Partnerin in einem Nobelpaar. Ihr Leben und ihre bahnbrechende Arbeit waren dabei weniger überraschend in der männlich konservativen Welt französischer Physiker als der vormalige Weg ihrer Mutter zu Wissenschaft und Ruhm. Ihr familiärer Hintergrund hat sie in ungewöhnlicher Weise auf ihre Karriere vorbereitet, und ihre verwitwete Mutter gab ihr dabei in eigener Person ein Rollenbild vor, wie es kaum jemand früher zuteil geworden ist und nach ihr allenfalls ihre eigene Tochter Hélène erfahren hat.

Auch bei Hélène hat die Vorgabe funktioniert: Wie Großmutter und Mutter wurde sie Nuklearphysikerin. Auch sie wählte sich einen Ehemann aus der wissenschaftlichen Elite ihrer Umgebung, heiratete also „endogam" – nämlich Michel Langevin, einen Urenkel von Paul Langevin, der einst Schüler ihres Großvaters Pierre Curie gewesen war und nach dessen Tod mit ihrer Großmutter Marie Curie eine kurze, heftige Liebesaffäre unterhalten hatte. Übrigens blieb Irènes Sohn Pierre ebenfalls der Naturwissenschaft treu: Er wurde Biophysiker, und seine Frau Anne hatte dieselbe Fachrichtung.

Irène Curie verließ letztlich ihr Leben lang nicht die Nische der Familie Curie, um sich in eine unbekannte, andere Welt fern von der Wissenschaft ihrer Eltern vorzuwagen. Es war selbstverständlich für sie, den Weg ihrer Mutter zu gehen, und sie dachte keinen Moment daran, eine andere Richtung einzuschlagen. Manche sprechen deshalb bei Irène Curie von einem „Jokaste-Komplex". Die griechische Heroine und Mutter des Ödipus heiratete der Sage nach durch Schicksalsfügung ihren eigenen Sohn.

Irène Curie arbeitete von früh an im Radium-Institut ihrer Mutter, einer wohlausgestatteten, angesehenen Forschungseinrichtung, die Wissenschaftler aus der ganzen Welt anzog. Sie begann ihre Karriere unter berühmtem Familiennamen. Schon nach ihrer Promotion erwartete sie eine Journalistenmenge vor der Sorbonne. Sie galt als künftige Starwissenschaftlerin und Nobelpreisträgerin, noch bevor sie Eigenes geleistet hatte. Im Gegensatz zu ihrer Mutter brauchte Irène Curie nie um Anerkennung zu kämpfen, sondern allenfalls mit den großen Erwartungen, die sich auf sie richteten. Das scheint für sie kein Problem gewesen zu sein: Ihr bequemer Start in eine frühe Karriere zusammen mit der Erziehung, die ihr als Kind zuteil geworden war, machten sie selbstbewußt und unabhängig in ihrem Denken. So ging sie sicher und erfolgreich den ihr vorgezeichneten Weg in die Wissenschaft.

Umso erstaunlicher, daß Irène Joliot-Curie später immer mehr in die eher traditionelle Rolle der Ehefrau im Schatten eines brillanten, einflußreichen Mannes geriet. Ihr Wandel vom Senior-Partner im Nobelpaar zur Gefährtin im Hintergrund mag an ihrem immer schlechteren Gesundheitszustand und den langen Sanatoriumsaufenthalten, aber auch an ihrer zunehmenden Sorge um die Familie gelegen haben. Welten trennen dabei das junge Mädchen, das gemeinsam mit seiner Mutter furchtlos an der vordersten Front der Schlachtfelder im 1. Weltkrieg Verwundete röntgte, von der besorgten Ehefrau und Mutter zweier heranwachsender Kinder im 2. Weltkrieg.

Irène und Frédéric Joliot-Curie waren keine Eheleute, die sich im Laufe der Zeit im Wesen immer ähnlicher wurden. Bezeichnend für das Leben dieses Paares ist, daß sich der anfängliche Kontrast in ihrem Charakter mit den Jahren nicht minderte, sondern eher verstärkte. Während der lebhafte Frédéric mehr und mehr in der Öffentlichkeit agierte, zog sich die scheue Irène auf ihren eigenen Planeten aus wissenschaftlicher Arbeit, Familie und Curie-Vermächtnis zurück. Die Kontinuität im Verhalten des Duos kehrte am Ende den individuellen Status und das soziale Ansehen um. In den frühen dreißiger Jahren, als sie im Team arbeiteten, profitierte der Ehemann vom hohen Prestige der Familie, in die er eingeheiratet hatte. Bezeichnenderweise benutzte nicht nur seine Frau, sondern auch er den Doppelnamen Joliot-Curie, was für die damalige Zeit ungewöhnlich war. In den späten vierziger Jahren, als der Ruhm des Paares in der Folge des Nobelpreises und des 2. Weltkrieges auseinanderlief, konnte Irène ihrerseits geniessen, daß sie die Frau des prominentesten französischen Atomphysikers war. Allerdings scheint sie sich wenig daraus gemacht zu haben und auch nicht aus den Demütigungen, die das politische Schicksal ihres Mannes in der Ära des Kalten Krieges über sie brachte.

Bleibt die Frage, ob Irène Joliot-Curie letztlich ihr Leben lang die Zweite geblieben ist und aus der Rolle der Musterschülerin ihrer Mutter lediglich in die Rolle der wissenschaftlichen Mustergattin geschlüpft ist. Anders als ihre jüngere Schwester Eve, die sich als Musikerin und Journalistin ein eigenes Terrain im Leben eroberte, wählte Irène mit Bedacht Marie Curies Fachgebiet. Allerdings reproduzierte sie nicht einfach den „antinatürlichen Pfad" der Mutter. Sie schuf sich ihr eigenes Rollenmuster, passend zu den Erforderbnissen, denen sie sich als wissenschaftliche Erbin, Ehefrau und Mutter verpflichtet fühlte. Aufgewachsen in einem vorwiegend wissenschaftlichen, weiblichen Milieu, tat sie alles, um ihr Leben „zuhause" zu führen – nicht als Hausfrau am eigenen Herd, sondern im Labor des heimischen Radium-Instituts. Die brillante wissenschaftliche Dynastie ihrer Familie setzte sie mit neuen Gedanken fort.

Gerty und Carl Cori

Als das schwedische Nobel-Komitee über die Vergabe des Medizin-Preises für das Jahr 1947 nachdachte, bahnte sich Ungewöhnliches an: Die Auszeichnung sollte erstmals an eine Frau gehen, die amerikanische Biochemikerin Gerty Cori, die an der Washington-Universität in St.Louis arbeitete, es dort allerdings nicht über den Rang einer Laborassistentin hinausgebracht hatte. In St. Louis scheint man rechtzeitig von dem ins Haus stehenden Preis Wind bekommen zu haben: Kurz vor dem Ereignis wurde Frau Cori zur Professorin ernannt. Den Preis erhielt sie zusammen mit ihrem Mann Carl für die gemeinsame „Entdeckung der katalytischen Umsetzung von Glykogen". Fünfundzwanzig Jahre lang hatte das Ehepaar den Energiestoffwechsel im Muskel und die Funktionen der Enzyme in tierischem Gewebe studiert. Die Coris teilten sich in die eine Hälfte des Medizin-Nobelpreises 1947. Die andere Hälfte bekam ihr argentinischer Kollege Alberto Houssay für seine „Entdeckung der hormonellen Bedeutung des vorderen Hypophysenlappens für den Zuckerstoffwechsel", die in engem Zusammenhang mit der Arbeit der Coris stand.

Gerty und Carl Cori waren ein über viele Jahrzehnte eng verbundenes Forscher-Ehepaar. Cori-Freund und Mitarbeiter Severo Ochoa meinte, der eine sei ohne den anderen kaum zu denken: „Es wäre unmöglich, Gerty Coris Beiträge zur Wissenschaft von denen Carl Coris zu trennen, da sie seit ihrer ersten gemeinsamen Publikation stets zusammen arbeiteten." Ihre medizinische und physiologische Ausbildung befähigte Gerty und Carl Cori, Abläufe auf der molekularen Ebene mit Vorgängen im Organismus in Verbindung zu bringen. Dank ihrer Kenntnisse in Biologie und Chemie gelangen ihnen Pionierleistungen auf dem Gebiet der Dynamik biochemischer Prozesse.

Die Coris waren etwa gleich alt. Beide kamen aus der damaligen österreichisch-ungarischen Donaumonarchie. Gerty Cori, die älteste von drei Töchtern eines jüdischen Chemikers, wurde als Gerty Theresa Radnitz am 15. August 1896 in Prag geboren.

Carl Ferdinand Cori, Sproß einer alten Gelehrtenfamilie und Sohn des führenden europäischen Marinebiologen gleichen Namens, kam am 5. Dezember 1896 in Triest zur Welt. Zum Studium ging Carl Cori nach Prag, woher auch seine Familie stammte.

Gerty Radnitz' Vater, der sein Geld als Direktor einer Zuckerraffinierie verdiente, ließ seine älteste Tochter, wie damals in besseren Kreisen üblich, bis zum Alter von zehn Jahren von Hauslehrern unterrichten. Anschließend wurde sie aufs Mädchen-Lyzeum geschickt, wo sie 1912 ihre Abschlußprüfung bestand. Zur Universitätszulassung für das zunächst geplante Chemie-Studium reichte dieser Abschluß noch nicht. Sie mußte im Geschwindverfahren den Stoff von acht Jahren Latein nachlernen, bevor sie als Externe das Abitur ablegen konnte. 1914 konnte sie sich an der Medizinischen Fakultät der Deutschen Universität von Prag einschreiben und machte dort sechs Jahre später, im Januar 1920, ihren medizinischen Doktor.

Schon zu Beginn ihres Studiums mit achtzehn Jahren lernte die temperamentvolle Rothaarige ihren späteren Mann kennen. Der große, blonde Kommilitone mit den blauen Augen studierte im gleichen Semester wie sie selbst. Auch Carl Cori war sehr glücklich über die Begegnung. Er schilderte später, daß er genau aus diesem Grund so gern in Prag geblieben war: „Ich hatte eine Kommilitonin getroffen, eine junge Frau, die Charme, Lebensfreude und Intelligenz hatte und die freie Natur liebte – Eigenschaften, die mich sofort anzogen. Es folgte eine sehr angenehme Zeit, in der wir zusammen planten und studierten, Ausflüge aufs Land machten oder zum Skilaufen gingen."

Das junge Glück wurde im dritten Studienjahr unterbrochen, als Carl Cori im 1. Weltkrieg in die österreichische Armee eingezogen wurde. Er kehrte 1918 nach Prag zurück und legte dort 1920 sein medizinisches Staatsexamen ab. Weil er weiter wissenschaftlich arbeiten wollte, ging er nach Wien, wo er seine Zeit zwischen dem Laboratorium der Klinik für Innere Medizin und dem Institut für Pharmakologie an der Universität teilte. Am 5. August 1920 heirateten Carl Cori und Gerty Radnitz in Wien. Seine Eltern waren nicht begeistert von dieser Verbindung, denn sie fürchteten, die jüdische Herkunft der Schwiegertochter könnte der Karriere ihres Sohnes schaden.

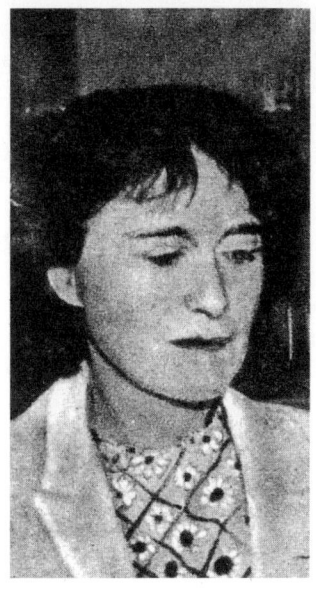 

Gerty Cori (1896–1957)   *Carl Cori (1896–1984)*

Nach ihrer Heirat arbeitete die junge Frau Cori zwei Jahre lang zur Facharztausbildung am Wiener Karolinen-Kinderspital. Eine Zeitlang sah es so aus, als würde sie Kinderärztin werden – sozusagen aus Familientradition, denn ein Onkel mütterlicherseits lehrte als Professor für Pädiatrie an der Universität Prag. Aber die klinische Medizin wirkte auf sie wie auf ihren Mann wegen des mangelnden Arbeitsethos und des Zynismus der Ärzte ernüchternd. Beide Coris wollten deshalb lieber in die Forschung wechseln, doch eine bezahlte Stelle war nicht zu finden. Schon im Krankenhaus gab es kein Gehalt für junge Assistenzärzte in der Ausbildung, sondern nur eine warme Mahlzeit am Tag. Es war eine wirtschaftlich schlimme Zeit im Nachkriegs-Österreich, und fast jeder dort litt Hunger. Gerty Cori bekam in Wien eine Vitamin-A-Mangel-Krankheit, bei der die Bindehaut und die Hornhaut der Augen austrocknen. Sie wurde erst bei ihren Eltern in Prag, wo die Ernährung nicht ganz so schlecht war, wieder gesund.

Wegen der geringen Aussichten auf eine Karriere in der Forschung und auch wegen des wachsenden Antisemitismus beschlossen die Coris im Jahre 1922, ihr Glück in Amerika zu versuchen. Sie haben diese Entscheidung nie bereut. Carl Cori gelang es, in Buffalo am Institut für Krebsforschung des Staates New York eine Anstellung als Pharmakologe zu finden. Gerty Cori folgte ihrem Mann ein halbes Jahr später in die Vereinigten Staaten. Als sie in den USA angelangt war, trennte sich das Paar zeitlebens nicht mehr.

Gerty Cori kam ebenfalls am Staatsinstitut in Buffalo unter, allerdings nur als eine Art gehobene Laborantin in der Pathologischen Abteilung für mikroskopische Routine-Untersuchungen. Zu ihren Aufgaben gehörte z.B. die Untersuchung von Stuhlproben. Sie erhielt ein Zehntel des Gehaltes, das Carl Cori gezahlt wurde.

Gerty Cori war mit ihrer Arbeit nicht ausgefüllt und beteiligte sich an den Forschungen ihres Mannes. Schon in ihrer Studentenzeit hatte sie begonnen, mit ihm gemeinsam wissenschaftlich zu arbeiten und die Resultate zu publizieren. Als die institutsübergreifende Kooperation der Coris in Buffalo entdeckt wurde, drohte man Gerty Cori mit der Kündigung. Von da an erledigte Frau Cori ihre unerwünschte Nebentätigkeit so unauffällig wie möglich. Als sie 1923 ihre Untersuchung über den Einfluß von Schilddrüsenextrakt und Thyroxin auf die Vermehrungsrate von Pantoffeltierchen veröffentlichte, gab es allerdings keine Einwände mehr. Nun konnten die Coris nach Belieben gemeinsam interessierende Probleme bearbeiten.

Nur noch ein einziges Mal wurde Gerty und Carl Cori ihre wissenschaftliche Teamarbeit streitig gemacht: Als Carl Cori einen gut dotierten Posten von einer Nachbaruniversität angeboten erhielt, sollte er dort auf die Kooperation mit seiner Frau verzichten. Er lehnte diese Auflage als unzumutbar ab und blieb auch künftig bei seiner Meinung. Damit schränkte er seine beruflichen Möglichkeiten sehr ein, denn viele Universitäten verfügten damals wie auch heute Regelungen gegen die Beschäftigung von zwei Mitgliedern aus derselben Familie.

Gerty Cori wurde vorgeworfen, daß sie ihrem Mann mit ihrem Wunsch nach gemeinsamer Arbeit hinderlich im Weg stünde. Noch als Mittdreißigerin und gestandene Wissenschaftlerin brach sie einmal bei einem Vorstellungsgespräch ihres Mannes in Tränen aus. Man hatte sie attackiert, daß es in höchstem Maße unamerikanisch und für die Karriere des Mannes ausgesprochen hinderlich sei, wenn seine Frau mit ihm zusammenzuarbeiten wollte.

Die Coris ergänzten einander offenbar hervorragend. Wer sie zusammen sah, hatte den Eindruck, daß jeder von ihnen beiden im Unterbewußtsein stets ahnte, was der andere gerade dachte. Der Journalist Evarts Graham, der als Sohn eines Kollegen der Coris besonders guten Einblick gewann, beschrieb das so: „Ihre geistigen Prozesse greifen ineinander, sodaß sie gemeinsam denken und sprechen. Wenn der eine einen Gedanken formuliert, dann nimmt der andere ihn auf, entfaltet ihn und schmückt ihn aus, um ihn schließlich an den ersten zurückzureichen, damit der ihn weiter ergänzen kann ... Ihre wissenschaftliche Arbeit vollzieht sich auf dieselbe Weise. Gemeinsam diskutieren sie ihre Experimente und entscheiden, wie zu interpretieren ist, was sie gesehen haben. Wenn sie eine ihrer gelegentlichen Meinungsverschiedenheiten über einen wissenschaftlichen Punkt austragen, dann bleibt es – anders als bei den meisten Forschungsteams – vorteilhafterweise in der Familie."

Dennoch gestand Carl Cori später, daß die wissenschaftliche Kooperation unter Eheleuten nicht immer einfach ist: „Es ist eine delikate Angelegenheit, die viel Nehmen und Geben auf beiden Seiten verlangt und gelegentlich zu Reibereien führt, wenn beide gleichberechtigte Partner sind und nicht von ihrem Standpunkt weichen wollen." Basis der letztlich doch wohl harmonischen wissenschaftlichen Zusammenarbeit der Coris war sicher ihre glückliche private Verbindung. Beide teilten nicht nur das Interesse an der Wissenschaft, sondern auch die Neigung zu Kunst, Musik, Literatur und Sport.

Die neun Jahre in Buffalo boten Gerty Cori Gelegenheit, neben ihrer Routinearbeit ein grundlegendes Forschungsprogramm voranzutreiben. Zusammen mit ihrem Mann untersuchte sie in dieser Zeit die Regelung des Energiehaushaltes bei Säugetieren. Über die Fähigkeit des Körpers, seinen Energieverbrauch auf Mahlzeiten wie auf Phasen körperlicher Belastung einzustellen, war damals wenig bekannt. Man wußte nur, daß sowohl die Leber wie die Muskeln eine stärkehaltige Substanz enthalten, das sogenannte Glykogen als den „Zuckererzeuger". Aber Funktion und Bedeutung des Glykogens für Stoffwechsel und Energiehaushalt waren ungeklärt. Die Coris machten diese Frage zum zentralen Thema ihrer Forschung.

Während der zwanziger Jahre maßen Gerty und Carl Cori sorgfältig winzige Mengen von Zucker, Glykogen und zwei für den Kohlehydratstoffwechsel relevanten Hormonen an Labortieren. Gerty Cori entwickelte dabei das quantitative Instrumentarium. Die Genauigkeit ihrer Messungen und der Scharfsinn ihrer Methoden wurden zum Markenzeichen ihrer Forschung. 1929, nach sechs Jahren intensiver Arbeit, konnten die Coris erstmals im Prinzip erklären, wie die Muskeln der Säugetiere mit Energie versorgt werden. Die Aufklärung der manchmal sehr komplexen Einzelheiten nahm noch viele Jahre in Anspruch.

Die Coris skizzierten den Energie-Transport als einen Kreislauf vom Muskel zur Leber und zurück zum Muskel. Wenn z. B. ein Läufer losspurtet, wird in seinen Muskeln Glykogen in verschiedene Arten von Zucker, besonders in Glukose umgeformt. Die Muskeln holen die meiste Energie aus dem Zucker heraus, lassen aber einen Rest in Form von Milchsäure zurück. In einer Reihe kunstvoller Schritte verwandelt der Körper die Milchsäure anschließend neuerlich in Glukose. Zunächst wird die Milchsäure vom Muskel in die Leber geschickt. Dann wird der Mensch veranlaßt, nach Luft zu ringen und verstärkt Sauerstoff einzuatmen, damit die Leber die Milchsäure in Zucker umformen kann. Der Zucker kehrt in den Muskel zurück, wird in Glykogen umgewandelt und gespeichert. Die Coris nannten diesen Vorgang den „Kreislauf der Kohlehydrate". Heute heißt er der „Cori-Zyklus".

Die Entdeckung dieses Kreislaufs hatte entscheidenden Einfluß auf die Behandlung der Zuckerkrankheit. Insulin war zwar schon 1921 entdeckt worden. Aber noch immer war wenig darüber bekannt, wie der menschliche Körper Insulin oder auch Zucker nutzt. Dank des Cori-Zyklus bekamen die Ärzte ein Gefühl dafür, wie ein gesunder Körper die Waage zwischen Beanspruchung, Nahrungsaufnahme und Blutzuckerversorgung hält. Die populäre Ruhm der Coris rührt von dieser Entdeckung des Kreislaufs der Kohlehydrate her. Unter Biochemikern allerdings werden sie noch mehr verehrt wegen ihrer späteren Untersuchungen über Enzyme und Hormone, die den Energiestoffwechsel in Gang halten und beeinflussen, und wegen ihrer Arbeiten über Krankheiten, die entstehen können, wenn solche Enzyme fehlen oder defekt sind.

1931 folgte Gerty Cori ihrem Mann als biochemische Forschungsassistentin an den Fachbereich für Pharmakologie der Medizinischen Fakultät der Washington-Universität nach St. Louis in Missouri. Dort konzentrierte sie ihre Interesse nicht länger auf die Untersuchung von Zucker im Kohlenhydrat-Stoffwechsel von Tieren, sondern auf die mikrobiologische Analyse einzelner Gewebe. Nach großen Mühen gelang es ihr, einzelne Enzyme, z.B. aus Frosch- und Kaninchen-Muskeln, zu isolieren und in reiner Form darzustellen. Erst dadurch konnte die Aktivität der einzelnen Enzyme ermittelt werden. Von besonderer Bedeutung war die Entdeckung, daß das Enzym „Phosphorylase" die Umwandlung des Glykogens in Zucker steuert.

Die Zeit bis zum 2. Weltkrieg und die Jahre danach waren für die Coris eine wissenschaftlich sehr produktive Phase. Insgesamt fünfzig gemeinsame Artikel veröffentlichten sie. Mal stand Carls Name als erster darauf, mal Gertys, je nachdem, wer mehr zu der betreffenden Forschung beigetragen hatte. Zusätzlich publizierte Gerty Cori elf eigene Beiträge und Carl Cori dreißig weitere unter seinem Namen.

In einer so engen, komplementären Zusammenarbeit wie bei den Coris läßt sich nur schwer auseinanderdividieren, was wer wozu beigetragen hat. Versucht worden ist es trotzdem. Langjährige Mitarbeiter wie Mildred Cohn allerdings sehen das kreative Potential der Coris völlig ausgewogen: Beide waren begabte Experimentatoren, beide hatten wissenschaftlichen Biß und ließen nicht von einmal gesetzten Zielen ab. Im Wesen allerdings waren sie verschieden – Gerty lebhaft, begeisterungsfähig und von scharfem, schnellen Verstand, Carl Cori dagegen eher zurückhaltend, streng und auf Distanz bedacht.

Auch ihrem Privatleben muß der Kontrast gut bekommen sein. Sie galten all die Jahre als sehr glückliches Paar. Im August 1936 kam ihr Sohn Carl Thomas auf die Welt. Er wurde im heißesten Sommer geboren, der je im amerikanischen Mittelwesten gemessen wurde. Gerty Cori war damals vierzig Jahre alt, und sie arbeitete bei einer Temperatur von 37 Grad Celsius im glühend heißen Labor, bis die Wehen einsetzten. Es war genau die spannende Phase, in der die Coris Glykose-1-Phosphat entdeckten, ein Zwischenprodukt im Stoffwechsel der Kohlehydrate, das ihnen zu Ehren den Namen „Cori-Ester" erhielt.

Drei Tage nach der Geburt des kleinen Tom stand seine Mutter wieder am Experimentiertisch. Offenbar hatte Gerty Cori keine Probleme, Laborarbeit, Haushalt und Kind miteinander zu verbinden. Sie stellte eine Ganztags-Haushälterin an und arbeitete weiter wie zuvor. Immer wieder ist erzählt worden, wie Gerty Cori, als Kettenraucherin die unvermeidliche Zigarette in der Hand, auf laut klappernden, hohen Absätzen aus ihrem Labor den Korridor zum Büro ihres Mannes entlanglief und ihm, noch bevor sie dessen Tür erreicht hatte, ihr neuestes Forschungsergebnis zurief. Oder wie sie vom Institutstelefon auf dem Flur aus für alle hörbar Lebensmittel bestellte, ihrer Haushälterin Anweisungen gab und mit dem Sohn die Schularbeiten besprach.

Der allerdings machte später einige Probleme und wurde kein so eifriger, der Wissenschaft zugeneigter Student, wie es sich seine Mutter vorgestellt hatte. Genügend beeinflußt vom Tun seiner Eltern, promovierte er zwar in organischer Chemie, ging aber dann in die Industrie. Offenbar hatte er die unternehmerischen Talente seines Großvaters mütterlicherseits geerbt und reüssierte als Präsident einer großen Biochemie-Firma.

Genau wie ihr Mann arbeitete Gerty Cori alle Werktage und noch den halben Samstag im Institut. Nur die Abende und das restliche Wochenende hielt sie sich frei, und zu Hause wurde nach Möglichkeit nicht über den Labor-Alltag gesprochen. Bis Gerty Cori akademisch anerkannt wurde, sollten trotz allen Fleißes viele Jahre vergehen. Sechzehn Jahre lang arbeitete sie gegen geringen Lohn als Forschungshilfskraft in St. Louis. Erst 1947, im Alter von 51, bekam sie dort eine Professur für Biochemie. Sie war ihr lange vorenthalten worden, weil sie nur forschen und nicht lehren wollte und es ablehnte, Medizinstudenten zu unterrichten. Gerty Cori behielt ihre erste und einzige Professur bis zu ihrem Tod zehn Jahre später.

Ihr Mann leitete ab 1931 in St. Louis den Fachbereich für Pharmakologie, ab 1946 den Fachbereich für Biochemie. Er hatte seinerzeit den Ruf an die private Washington-Universität vor allem deshalb angenommen, weil er hoffte, dort die starren Nepotismus-Regeln der Staats-Universitäten unterlaufen und gleichberechtigt zusammen mit seiner Frau arbeiten zu können. Diese Rechnung sollte jedoch erst viel später aufgehen.

Im gleichen Jahr 1947, als Gerty Cori endlich auf einen eigenen Lehrstuhl berufen wurde, erhielt sie zusammen mit ihrem Mann den Nobelpreis für Medizin. Bis zu diesem Zeitpunkt waren Carl Cori allein die Ehrungen für die gemeinsame Forschung zugefallen. Die Bedeutung der Coris wird daran sichtbar, daß im Laufe der Jahre noch sechs weitere Wissenschaftler, die irgendwann in ihrem Institut gearbeitet haben, einen Nobelpreis bekamen – 1959 Arthur Kornberg und Severo Ochoa, 1970 Luis Leloir, 1971 Earl Sutherland, 1974 Christian de Duve und 1992 Edwin Krebs.

In Stockholm hielten Gerty und Carl Cori ihre Nobelansprache gemeinsam. Aus dem geschriebenen Text läßt sich ohne weiteres erkennen, wo Carl endete und Gerty begann. Sein Teil liest sich so präzise und sparsam, als sei es ein Stück Geometrie von Euklid, ganz wie es seinem Wesen entsprach. Am Komplementäreffekt der gemeinsamen Forschung mit seiner Frau allerdings lassen die verhaltenen Worte des Nobelpreisträgers keinen Zweifel: „Unsere Bemühungen haben sich im wesentlichen ergänzt," sagte er, „und einer ohne den anderen wäre nicht so weit gekommen. wie beide zusammen." So war es nur konsequent, daß Carl Cori bei dem Tod seiner Frau zehn Jahre später die Nationale Akademie der Wissenschaften darum bat, zunächst auf einen Nachruf zu verzichten. Erst nach seinem eigenen Tod sollte eine Würdigung ihrer gemeinsamen Arbeit erfolgen.

Der Nobelpreis brachte beiden Coris Berufungsangebote an viele renommierte Universitäten, so nach Harvard, Berkeley und das Rockefeller Institut. Weil die Coris inzwischen St. Louis liebten und dort viele Freunde und ein hübsches Haus hatten, lehnten sie ab. Die mangelnde Lust an einer Ortsveränderung hatte aber auch mit Gerty Coris Gesundheit zu tun. Denn wenige Wochen, bevor sie mit ihrem Mann zur Nobelpreis-Verleihung nach Stockholm reiste, also genau auf dem Höhepunkt ihrer Karriere, stellten sich bei ihr Anzeichen einer schweren Erkrankung ein. Bei ihrer gewohnten sommerlichen Bergtour in Colorado merkte sie, daß ihr die Höhe stark zu schaffen machte. Grund der schlimmen Atembeschwerden und der Ohnmachtsanfälle war eine Myelofibrose, eine seltene Blutkrankheit.

Gerty Cori litt zehn Jahre darunter, und ihr Mann überwachte ihre Behandlung und ersann sogar eine neue Therapie, die ihr eine Zeitlang Linderung und Aufschub verschaffte. Im Laufe der Jahre verschlechterte sich ihr Zustand immer mehr, und sie wurde von Bluttransfusionen abhängig. Mit großer Tapferkeit und mit eisernem Willen ignorierte sie ihr Leiden und ließ von ihrer wissenschaftlichen Arbeit selbst dann nicht ab, als Carl Cori seine Frau im Institut von einem Raum in den anderen tragen mußte. Erst kurz vor ihrem Ende scheint Gerty Cori der Mut verlassen zu haben. Im Labor meinte sie eines Tages sarkastisch: „Ich würde eine Party geben, wenn ich damit das Gerücht zum Verstummen brächte, ich sei tot."

In ihren letzten Lebensjahren gelang Gerty Cori eine weitere bedeutende Entdeckung – die enzymatischen Fehlstellen bei verschiedenen Formen krankhafter Veränderungen der Glykogenspeicherung bei Kindern. Sie zeigte, daß ein enzymatischer Defekt erblich sein kann. Damit schloß sie den Kreis ihrer Forschung zu ihrem frühen Interesse an der Kinderheilkunde als Assistenzärztin in Wien.

Gerty Cori starb am 26. Oktober 1957 im Alter von 61 Jahren an Nierenversagen. Sie starb zu Hause, und nur Carl Cori war bei ihr. Er hatte sie bis zuletzt rührend umsorgt. So endete eine der produktivsten und andauerndsten Kollaborationen in der Biomedizin. Daß es sich dabei um ein Ehepaar handelte, macht die besondere Würze aus.

Für Carl Cori war nach Gertys Tod das Leben nicht zuende. Drei Jahre später heiratete er erneut. Seine zweite Ehe dauerte weitere 24 Jahre – bis zu seinem eigenen Tod 1984. Auch diese Ehe war glücklich, und Cori teilte auch mit seiner neuen Frau viele Interessen, so in Archäologie, Kunst und Literatur. Nach seiner Emeritierung an der Washington Universität in St. Louis wurde er Gastprofessor an der Harvard Medical School und forschte bis in sein letztes Lebensjahr am Massachusetts General Hospital.

Auch in Boston fand Carl Cori wieder für mehr als zwei Jahrzehnte zu wissenschaftlicher Zusammenarbeit mit einer Frau, diesmal allerdings nicht mit der eigenen Ehefrau. Gemeinsam mit der renommierten Genetikerin Salome Gluecksohn-Waelsch vom New Yorker Albert Einstein Medical College verfolgte er ein Forschungsprogramm zur Entdeckung und Erklärung von erblichem Mangel an Glukose-6-Phosphat bei Mäusen. Einen Defekt dieses Enzyms beim Menschen hatte Carl Cori 15 Jahre zuvor mit seiner Frau Gerty entdeckt.

Gelehrsamkeit zu zweit

Tatyana und Paul Ehrenfest

Ihr gemeinsamer Artikel über die Grundlagen der statistischen Mechanik in der „Enzyklopädie der mathematischen Wissenschaften" war seinerzeit eine Sensation und gilt auch heute noch als lesenswert. Er ist 1911 erschienen , und Tatyana und Paul Ehrenfest haben ihn in fünfjähriger Arbeit zusammen verfaßt, als sie, frisch von der Universität kommend und noch ohne feste Anstellung, jung verheiratet in St. Petersburg lebten und arbeiteten. Die Ehrenfests, sie Mathematikerin und er Physiker, formulierten in mustergültiger Weise den damaligen Stand der statistischen Mechanik und zugleich die Kontroversen und noch anstehenden Probleme, die es zu überprüfen galt, bevor speziell das 2. Gesetz der Thermodynamik als bewiesen angesehen werden durfte. Sie fanden dabei die richtige Sprache für mathematisch und physikalisch gebildete, anspruchsvolle Leser und wiesen sich als scharfsinnige Theoretiker aus.

Daß die beiden jungen Wissenschaftler eingeladen wurden, den Artikel für das repräsentative mathematische Gemeinschaftswerk der Akademien von Göttingen, Leipzig, München und Wien zu schreiben, war kein Zufall. Tatyana und Paul Ehrenfest hatten sich 1906 bereits mit verschiedenen gemeinsamen Aufsätzen, in denen sie dunkle Stellen in den bahnbrechenden Arbeiten von Ludwig Boltzmann und Josiah Willard Gibbs klärten, in Fachkreisen einen Namen gemacht.

Das allein hätte sicher nicht für den ehrenvollen Auftrag an das junge Forscherpaar gereicht. Doch starb im September 1906 Ludwig Boltzmann, der urprünglich als Verfasser für den Artikel gewonnen worden war. Boltzmann war Paul Ehrenfests Doktorvater, bei dem er 1904 in Wien mit einer Arbeit über die Prinzipien der Mechanik von Heinrich Hertz promoviert hatte. Als Boltzmanns Schüler verstand sich Ehrenfest nicht nur besser als die meisten anderen auf die komplexen Gedanken seines Lehrers, sondern hatte auch ein außerordentliches Talent, diese Gedanken für andere zum Leben zu erwecken. Seine Kunst, die Einwände gegen

Tatyana Ehrenfest (1876–1964) und Paul Ehrenfest (1880–1933)

Boltzmanns Lehre zu entkräften, hatte er im Dialog mit seiner Kollegin und Frau geübt und in Vorträgen und Aufsätzen bewiesen.

Für den Herausgeber des 4. Bandes der mathematischen Enzyklopädie, den Göttinger Professor Felix Klein, waren Paul und Tatyana Ehrenfest durchaus keine Unbekannten. Beide hatten bei ihm Mathematik und Mechanik gehört und in seinen Vorlesungen und Seminaren gesessen.

Paul Ehrenfest akzeptierte die Einladung zu dem Enzyklopädie-Artikel ausdrücklich als Gemeinschaftsarbeit mit seiner Frau. Die beiden brauchten drei Jahre, bis sie das Auftragswerk in groben Zügen skizziert hatten und fast zwei weitere Jahre, bevor sie es geschrieben und abgeliefert hatten. Die Arbeit an diesem Artikel überspannte ihre mehr oder weniger glückliche, „freischwebende" Zeit in Tatyanas russischer Heimat, als Paul Ehrenfest akademisch Fuß zu fassen versuchte und immer wieder Enttäuschungen einstecken mußte.

Das Erscheinen des Artikels im Jahre 1911 beförderte die Bemühungen des jungen Gelehrten auf Stellensuche. Zu seiner eigenen Überraschung und der Verwunderung der übrigen Fachwelt landete Paul Ehrenfest 1912 viele Tausend Kilometer weg von St. Petersburg an der holländischen Universität Leiden – auf dem renommiertesten Lehrstuhl für Theoretische Physik, der zu dieser Zeit zu vergeben war. Sein Vorgänger Hendrik Antoon Lorentz, einer der ganz Großen dieses Faches, hatte ihn persönlich zur Nachfolge auserkoren, nachdem Albert Einstein die Offerte abgelehnt hatte. Paul Ehrenfest war damals einunddreißig Jahre alt. Er blieb bis zu seinem Tod im Jahre 1933 in Leiden.

Der gebürtige Wiener (1880–1933) war der jüngste von fünf Söhnen eines jüdischen Gemischtwarenhändlers, der sich aus kleinsten Anfängen hochgearbeitet hatte. Das frühe Interesse an Mathematik und Physik übernahm Paul Ehrenfest von seinem ältesten Bruder Arthur, der später Ingenieur und nach dem frühen Tod der Eltern Vormund von Paul wurde. Ohne Arthurs liebevollen Einfluß und ohne sein Verständnis hätte der Nachkömmling wohl kaum das Abitur geschafft. Er verabscheute die Schule, war oft niedergeschlagen und deprimiert, und außer Msthematik und Physik langweilte ihn alles. Noch viele Jahre später hatte er nur bittere Gefühle für seine Schulzeit und bestand darauf, daß seine eigenen Kinder zu Hause erzogen wurden.

Paul Ehrenfest studierte in Wien, zunächst Chemie, dann theoretische Physik. Arbeit und Stil seines Doktorvaters Ludwig Boltzmann prägten entscheidend seine eigene Wissenschaft.

Am 21. Dezember 1904 heiratete Paul Ehrenfest in Wien die gut drei Jahre ältere Tatyana Alexeyevna Afanassjewa (1876–1964). Er hatte die russische Mathematikstudentin zwei Jahre zuvor in Göttingen kennengelernt, als er dort zwei auswärtige Semester verbrachte. Das österreichisch-ungarische Recht erlaubte die Eheschließung zwischen Christen und Juden nur, wenn beide Partner offiziell auf ihre Religion verzichteten. Ehrenfest und seine russisch-orthodoxe Braut traten also aus ihrer jeweiligen Religionsgemeinschaft aus. Tatyana Afanessjewa fiel dieser Schritt schwerer als Paul Ehrenfest, weil sie befürchten mußte, als „Ungläubige" nicht mehr in ihre zaristische, russische Heimat einreisen zu dürfen.

Die junge Russin hatte einen gänzlich anderen Hintergrund als der Mann, den sie heiratete. Sie war das einzige Kind eines früh verstorbenen, russischen Ingenieurs und wuchs im Haus ihres kinderlosen Onkels auf, der Professor am Polytechnischen Institut in

St. Petersburg war. Das junge Mädchen zeigte schon früh mathematische Talente, durfte aber erst mit Verzögerung ein Mathematik-Studium am Lehrerseminar in St. Petersburg beginnen, weil sich ihr Onkel Sorgen um ihre empfindliche Gesundheit machte.

Tatyana Alexeyevna kam 1902 in Begleitung ihrer Tante Sonya nach Göttingen, um dort ihr Studium auf Universitätsniveau zu vertiefen und zu ergänzen. Die Mathematik war für die junge Frau nicht nur Lernstoff und Vehikel zu einer beruflichen Karriere, sondern der intellektuelle Mittelpunkt ihres Lebens, mit dem sie sich mit großer Leidenschaft beschäftigte. Sie stimmte darin völlig mit Paul Ehrenfest überein, so sehr sie sich auch sonst in ihrer Herkunft, ihrer Vergangenheit und ihrer Persönlichkeit von ihm unterschied. Ihr scharfer Verstand war gekoppelt mit einem energischen Willen zur Unabhängigkeit und mit Stärke und Beharrlichkeit. Sie legte strenge Maßstäbe an sich selbst und andere, war äußerst pflichtbewußt und lehnte Alkohol und Tabak strikt ab. Zu denen, die ihren intellektuellen und moralischen Ansprüchen genügten, war sie freundlich und aufgeschlossen.

Paul Ehrenfest bewunderte die russische Kommilitonin im Herbst 1902 zunächst nur aus der Ferne. Er sah sie in Mathematik-Vorlesungen und im Lesesaal, vermißte sie aber bei den wöchentlichen Treffen im Club der Mathematik-Studenten. Als er erfuhr, daß die Regeln dort Studentinnen den Zutritt verboten, erreichte er in einer hitzigen Debatte eine Änderung der Satzung. Russische Landsleute überbrachten Tatyana Alexeyevna die Einladung zu den künftigen Clubtreffen, und der offiziellen Bekanntschaft mit Paul Ehrenfest stand nun nichts mehr im Weg. Das junge Paar fand bald heraus, daß es nicht nur die gemeinsame Neigung zur Mathematik verband, und irgendwann im Winter 1902/03 wurde die Heirat beschlossen.

Paul Ehrenfest wurde in den eineinhalb Jahren, die er in Göttingen verbrachte, zum selbständigen Wissenschaftler, möglicherweise auch und gerade, weil er eine Zeitlang nicht unter dem unmittelbaren Einfluß seines Doktorvaters Ludwig Boltzmann stand. Ehrenfests intensive wissenschaftliche Neugier wird an den Notizbüchern deutlich, in die er in Göttingen systematisch seine Ideen und vor allem die Fragen, die ihn bewegten, einzutragen begann. Er behielt diese Gewohnheit bis an sein Lebensende bei, und so entstand eine lückenlose Dokumentation seiner geistigen und wissenschaftlichen Entwicklung sowie seiner persönlichen Befindlichkeit.

In diesen Notizbüchern war auch Platz für vieles Private. Eines der ersten Hefte aus dem Frühjahr 1903 enthält ein paar Merkzettel mit der Handschrift von Tatyana und der Bitte, niemals zu rauchen, ein Klavier anzuschaffen und die aufgelisteten Tolstoi-Romane so bald als möglich zu lesen. Ein weiterer Zettel mahnt Ehrenfests Rückkehr nach Göttingen spätestens im August 1903 an.

Ehrenfest kam zurück, aber nur für einen Sommerurlaub. Denn nach einer Stippvisite im Frühjahr 1903 in Leiden, wo er Vorlesungen des Theoretikers Hendrik Antoon Lorentz hörte und sogar einen Abend bei dem berühmten Mann zu Hause verbrachte, beendete er sein Studium in Wien. Seine Dissertation war rasch geschrieben, wurde aber nie veröffentlicht, wohl, weil er nicht sonderlich stolz darauf war. Mit der frischen Doktor-Urkunde in der Hand war er im Juni 1904 bereit zu heiraten, und Tatyana, die in Göttingen geblieben war, kam nach Wien. Die bürokratischen Verwicklungen sorgten dafür, daß es mit der Hochzeit erst zum Jahresende klappte. Im Oktober 1905 wurde den Ehrenfests das erste ihrer vier Kinder geboren und nach der Mutter Tatyana genannt. Nach guter Mathematiker-Sitte bezeichnete der Vater später die kleine Tochter in seinen Briefen zur Unterscheidung von seiner Frau als „T".

Im Frühjahr 1906 verließ die junge Familie Wien, um sich nach Ferien in der Schweiz für ein Jahr in Göttingen niederzulassen, wo Ehrenfest eine akademische Anstellung zu finden hoffte. Es gelang ihm nicht, und die Ehrenfests zogen 1907 weiter in Tatyanas Heimat nach St. Petersburg, um von dort aus fünf Jahre lang die Suche fortzusetzen. Das bescheidene Vermögen, das Paul und Tatyana Ehrenfest jeweils von ihren verstorbenen Vätern geerbt hatten, erlaubte ihnen auf Zeit ein auskömmliches Leben. Aber Paul Ehrenfest war in wachsendem Maße von der Erfolglosigkeit seiner Bemühungen deprimiert. Trotzdem arbeitete er in dieser Phase intensiv und in engem Austausch mit Tatyana, wie der gelungene Artikel über statistische Mechanik zeigt.

Paul Ehrenfest war nicht die Sorte Denker, die ihre Ideen im stillen Kämmerlein entwickelten. Er mußte über seine Gedanken reden und sie im Gespräch mit einem kritischen Gegenüber ausformen. Tatyana mit ihrem raschen, außerordentlich logischen

Verstand war genau die Richtige dafür. Selbst wenn sie die konkreten Zusammenhänge eines physikalischen Problems nicht kannte, konnte sie doch den Kern der Sache erfassen und ihren Mann im Dialog auf die richtige Spur bringen.

Obschon Ehrenfest in Rußland keine reguläre akademische Anstellung fand, lebte er doch die Jahre in St. Petersburg nicht im Elfenbeinturm. Er fand vielfältige Kontakte zur Universität, und sein bester Freund wurde Abraham Joffe, ein ukrainischer Jude und vormals Assistent bei Wilhelm Röntgen in München. Zusammen mit ihm unterzog er sich im Sommer 1908 als einer der ersten einer Magister-Püfung in Physik in der vergeblichen Hoffnung, dadurch seine Chancen bei der akademischen Stellensuche in Petersburg zu verbessern.

Aus der Petersburger Zeit datiert auch Ehrenfests erste Begegnung mit Albert Einstein, mit dem er sich lebenslang innig verbunden fühlte. Auf der Suche nach einer Professur besuchte Ehrenfest 1912 Einstein, der damals Professor in Prag war, und lebte eine Woche lang bei ihm und seiner Frau Mileva Marić. Für Ehrenfest und Einstein war diese Begegnung ein tiefgreifendes Erlebnis. „Nach wenigen Stunden waren wir Freunde," erinnerte sich Einstein in seinem Nachruf auf Ehrenfest. In die Freundschaft war später selbstverständlich auch Tatyana einbezogen, als Einstein in seiner Zeit als Berliner Akademie-Professor auf Ehrenfests Betreiben ab 1920 eine Gastprofessur in Leiden erhielt und viele Jahre regelmäßig für einige Wochen zu dem Kollegen in die Niederlande kam.

Zunächst aber legte Einstein wohl ein gutes Wort für Ehrenfest in Leiden ein, damit Lorentz nach Einsteins Absage Ehrenfest zum Nachfolger erkor. Im Herbst 1912 war die Sache perfekt, und am 17. Oktober trafen die Ehrenfests und mit ihnen zwei kleine Töchter, eine russische Kinderfrau und Tatyanas alte Tante Sonya in Leiden ein. Es sollte das erste und einzige Ordinariat für Paul Ehrenfest bleiben.

Der neue Professor brachte frischen Wind in das akademische Leben der niederländischen Stadt und führte dort ein, woraus er und seine Kommilitonin Tatyana seinerzeit in Göttingen so viel Gewinn gezogen hatten – einen Leseraum für Physik-Studenten an der Universität, ein wöchentliches Colloquium bei sich zu Hause und einen eigenen Studentenclub.

Vor allem Tatyana sorgte dafür, daß Ehrenfests Kontakte mit seinen Studenten nicht auf die Universität beschränkt blieben und seine Schüler gastliche Aufnahme bei ihm daheim fanden. Die Ehrenfests praktizierten dort einen sehr eigenen Lebensstil. Seit dem Sommer 1913 lebten sie nahe der Hochschule in einem eigenen Haus, das Tatyana selbst entworfen hatte und in das sie alle ihre Ersparnisse steckten. Zentrum war ein riesiges Wohn-und Arbeitszimmer, in dem Ehrenfest am liebsten in Gesellschaft von Kollegen, nicht zuletzt seiner Frau, arbeitete und viele Besucher empfing. Gäste waren stets willkommen, die Bewirtung allerdings eher spartanisch, weil die Ehrenfests Vegetarier waren, nie Alkohol ausschenkten und auch das Rauchen nicht duldeten.

Die nächsten Jahre waren für die Ehrenfests beruflich und privat eine ereignisreiche Zeit. Ehrenfest kam als unkonventioneller, gesuchter Hochschullehrer und als einfallsreicher, kluger Wissenschaftler zu Ansehen. Er publizierte mit großem Erfolg mehrere Arbeiten zur Quantenmechanik. 1927 formulierte er das nach ihm benannte Ehrenfest-Theorem als grundlegenden Satz der Quantentheorie, der eine allgemeingültige Beziehung zur klassischen Physik herstellte.

Tatyana Ehrenfest beschränkte sich immer mehr auf die Rolle der Professorengattin und kümmerte sich um die wachsende Familie. 1915 wurde Sohn Paul geboren, 1918 das vierte und letzte Kind, der behinderte Sohn Vassili.

Die Ehrenfest-Kinder waren rund um die Uhr zu Hause. Denn sie besuchten keine öffentlichen Schulen, sondern wurden daheim unterwiesen, weil Vater und Mutter der Meinung waren, nur so könne sich ihr Verstand frei und unabhängig entwickeln. Schon früh brachten ihnen die Eltern spielerisch bei, was sie selbst so gut konnten und wichtig und interessant fanden: Mathematik, Mechanik, Chemie, Ökonomie und Geschichte. Später wurde für den Unterricht eine bezahlte Lehrkraft angestellt. Aus nächster Nähe erlebten die Kinder schon in früher Jugend alle wissenschaftlichen Aktivitäten im Elternhaus. Es dauerte nicht lange, und sie spielten selbst „Colloquium" und hielten Vorlesungen.

Im Laufe der Jahre wurde Ehrenfests Haus zu einem beliebten Treffpunkt ausländischer Kollegen. Nicht nur Albert Einstein verbrachte viele Wochen dort im Gästezimmer, sondern auch andere illustre Leute, so vierzehn weitere Nobelpreisträger, darunter

Max Planck, Enrico Fermi, Niels Bohr und Robert Oppenheimer. Sie alle haben im Laufe der Zeit bereitwillig die weiße Wand im Fremdenzimmer signiert, die als eine Art Gästebuch diente.

Paul Ehrenfest selbst hatte durchaus gemischte Gefühle gegenüber seinem Haus – wie gegenüber so vielen Dingen. Er sah für sich nur eine ungewisse Zukunft in Leiden und fühlte sich auch nach Jahren noch auf dem Prüfstand, ob er den Ansprüchen an die Nachfolgeschaft des großen Lorentz gerecht werden könne. Durch das Haus glaubte er sich bei einem Wechsel an eine andere Universität behindert und fürchtete finanzielle Verluste beim Verkauf.

Daher blieb Ehrenfest mit seiner Familie in Leiden. Aber er verlor sein Leben lang nicht das Gefühl, daß jemand Würdigeres als er selbst auf diesen herausragenden Leidener Lehrstuhl gehöre. Einer seiner letzten Beiträge zeigt am besten seinen permanent grüblerischen Intellekt. Er formulierte darin eine Serie von grundlegenden Fragen zu den physikalischen und mathematischen Aspekten der Quantenmechanik. Diese Fragen bewegten damals vermutlich viele Physiker, aber nur Ehrenfest riskierte den Gesichtsverlust, Fragen zu stellen, die andere möglicherweise als bedeutungslos zur Seite wischten. Daß Ehrenfests Fragen alles andere als trivial waren, bewies kein Geringerer als Wolfgang Pauli, der wenig später darauf mit einem eigenen Artikel antwortete.

Ehrenfest litt zeit seines Lebens an mangelndem Selbstvertrauen. Daran änderte auch sein außerordentlicher Erfolg als Physiker und Hochschullehrer und die vielen engen oder gar herzlichen Kontakte zu berühmten Kollegen nichts. Ehrenfests Minderwertigkeitsgefühle nahmen zu, als es für ihn immer schwerer wurde, mit den jüngeren Entwicklungen seiner Wissenschaft Schritt zu halten. Albert Einstein sah in diesen Problemen ein wesentliches Motiv dafür, daß sich Paul Ehrenfest am 25. September 1933 das Leben nahm. In einem bewegenden Nachruf auf den Freund beschrieb er „die erhöhte Schwierigkeit, welche die Anpassung an neue Gedanken dem Fünzigjährigen stets bietet." Auch Ehrenfests Lehrer Ludwig Boltzmann war knapp drei Jahrzehnte zuvor auf die nämliche Weise aus dem Leben gegangen, aber nicht aus Unzufriedenheit mit sich selbst, sondern weil er dem Druck seiner Kritiker nicht mehr standzuhalten meinte. Sein Freitod hatte seinerzeit tiefen Eindruck auf Ehrenfest gemacht.

Der Ehrenfest-Biograph Martin J. Klein sieht ein weiteres Motiv für Ehrenfests Selbstmord in der tiefen Solidarität zu seinen von den Nationalsozialisten verfolgten jüdischen Kollegen in Deutschland, für die er sich nach Kräften eingesetzt hatte. Darüber hinaus hätten wohl unüberwindlich scheinende, persönliche Probleme eine Rolle gespielt. Welcher Art diese Probleme waren, liest man bei Klein nicht, dafür bei dem Ehrenfest-Schüler Hendrik Casimir, der die näheren Umstände vom Tod seines Lehrers beschrieben hat.

Danach ging Paul Ehrenfest nicht allein in den Tod, sondern nahm seinen halbwüchsigen, jüngsten Sohn mit. Vassili war einer der traurigen Fälle von Down Syndrom, die bei alten Müttern vorkommen, und Tatyana Ehrenfest war einundvierzig, als 1918 ihr jüngstes Kind geboren wurde. Am Nachmittag des 25. Septembers 1933 besuchte Ehrenfest seinen Jungen in dem Pflegeheim, in dem er untergebracht war, zog einen Revolver und erschoß erst ihn und dann sich selbst.

Casimir sieht die planvolle, grausige Tat vor allem als Folge der Entfremdung zwischen Paul Ehrenfest und seiner Frau Tatyana. In Ehrenfests Leben gab es längst eine andere, jüngere Frau. Sie war weder Mathematikerin noch Physikerin, sondern Kunstkritikerin, und Ehrenfest hatte sich scheiden lassen wollen, um mit ihr ein neues Leben anzufangen. Aber es gelang ihm nicht, von Tatyana loszukommen. Tatyana Ehrenfest überlebte ihren Mann um mehr als drei Jahrzehnte. Sie starb 1964 in Leiden.

Ida und Walter Noddack

Kurz nach der Entdeckung der Kernspaltung vor sechzig Jahren durch Otto Hahn und Fritz Straßmann erschien in der Zeitschrift „Die Naturwissenschaften" eine Mitteilung der Chemikerin Ida Noddack, datiert vom 10. 3.1939. Die Wissenschaftlerin beklagte sich darin mit bitteren Worten, die beiden Herren hätten ihre jahrelang geäußerte Vermutung, daß bei der Bestrahlung von Uran mit Neutronen der Atomkern möglicherweise zerbrechen könnte, hartnäckig ignoriert und sie nun nicht einmal zitiert. Tatsächlich hatte Ida Noddack (1896–1978) 1934 als erste die Kernspaltung vorausgesagt. Allerdings hielten die Physiker damals die Spaltung eines Atomkerns für völlig unmöglich. Sie rechneten jedoch mit der Entstehung neuer Elemente, die schwerer waren als das Uran und in der Natur nicht vorkamen, sogenannter „Transurane". Daher hatte der italienische Physiker Enrico Fermi 1934 seine ersten Ergebnisse aus dem Bombardement von Uran mit Neutronen mit der Annahme gedeutet, daß sich dabei ein Element jenseits des Urans gebildet habe. Die Meinung von Ida Noddack, daß es sich dabei um die Spaltung des Urankerns handeln könnte, blieb unbeachtet.
Der Hochmut der Kollegen und ihr Desinteresse an der frühen Vermutung der Kernspaltung war nicht die einzige Kränkung der Forscherehre von Ida Noddack. Sie hatte sich bereits gemeinsam mit ihrem Mann, dem Chemiker Walter Noddack (1893–1960), einen Ehrenplatz in den Annalen der Wissenschaft erobert, als sie im Jahre 1925 zusammen zwei chemische Elemente entdeckten, die damals im Periodensystem auf den Plätzen 43 und 75 noch fehlten. Es waren die letzten der klassischen Elemententdeckungen. Die Forscher hatten als Entdecker das Recht, den Namen für ihren Fund zu bestimmen. Sie nannten das Element 75 „Rhenium", weil Ida Noddack aus dem Rheinland kam, und das Element 43 „Masurium", da Walter Noddack aus Masurien in Ostpreußen stammte.
Die Entdeckung des Elements mit der Atomzahl 75 wurde anerkannt und der neue Fund, der eine empfindliche Lücke im Peri-

odensystem schloß, entsprechend dem Vorschlag der Noddacks als „Rhenium" bezeichnet. Ganz anders erging es ihnen mit dem Element 43. Dessen Entdeckung wurde bezweifelt und schließlich verworfen, sodaß sich kaum noch jemand an den Namen „Masurium" erinnert. Ein Vierteljahrhundert nach seiner vermeintlichen Entdeckung durch die Noddacks entschied die für Nomenklaturfragen zuständige International Union of Pure and Applied Chemistry auf ihrer 15. Sitzung 1949 in Amsterdam, das Element solle nicht „Masurium", sondern auf Vorschlag von Emilio Segré „Technetium" heißen. Der italienische Physiker aus Palermo und sein Kollege Carlo Perrier hatten 1937 mit einem Zyklotron radioaktive Isotope des Elements 43 erzeugt. Segré nahm an, daß dieses Element das erste sei, das sich nur mit technischen Mitteln herstellen lasse und in der Natur nicht vorkomme. Der neue Name ging in alle wissenschaftlichen Arbeiten, Tabellenwerke und Periodensysteme ein und ist seitem für das Element 43 fest etabliert.

Ende der achtziger Jahre wurden die Noddacks allerdings überraschend posthum rehabilitiert: Der belgische Physiker Pieter van Assche hat 1989 die frühen Daten der Noddacks über das Masurium vor dem Hintergrund der heutigen Kenntnisse neu analysiert. Er ist zu der Überzeugung gekommen, daß die Noddacks seinerzeit tatsächlich das seltene Element nachgewiesen haben und deshalb mit Recht als die eigentlichen Entdecker gelten müssen. Wenn es nach van Assche ginge, würde dem Namen „Masurium" zu neuer Ehre verholfen. Sein Vorschlag: „Den ursprünglichen Namen Masurium wieder einzuführen, wäre ein Tribut an das Gedenken für exceptionelle Wissenschaftler".

Man ist heute der Ansicht, daß es vom Masurium bzw. Technetium kein stabiles Isotop gibt. Es entsteht in uranhaltigen Gesteinen aufgrund der spontanen Spaltung des Isotops Uran 238. Forscher wie der Belgier Pieter van Assche meinen nach der Durchforstung der Daten von 1925, daß die Noddacks tatsächlich ein Spaltprodukt des Urans nachgewiesen haben. Damit hätten sie in der Tat nicht nur ein neues Element identifiziert, sondern – ohne es zu ahnen – sogar die Kernspaltung.

Was van Assche mit einem halben Jahrhundert Verspätung aufgedeckt hat, wird die überkommene Wissenschaftsgeschichte nicht mehr korrigieren. Das Forscherpaar Ida Tacke und Walter Nod-

Walter Noddack (1893–1960) und Ida Noddack (1896–1978)

dack bleibt vermutlich weiterhin im Zwielicht. Einigen wenigen gelten sie als verkannte wissenschaftliche Größen, anderen als notorische Querulanten, dritten gar als Ultranationalisten und überzeugte Nazi-Sympathisanten. Wie so oft scheint ein eindeutiges Urteil schwierig.

Dabei war Walter Noddacks wissenschaftliche Karriere erfolgreich, und er hat hohe fachliche Kompetenz gezeigt. Am 17. August 1893 in Berlin geboren, studierte er vom Herbst 1912 an Chemie, Mathematik und Physik an der Bergakademie und an der Universität Berlin. Nach dem 1. Weltkrieg, an dem er von 1914 bis 1918 als Freiwilliger teilnahm, promovierte er bei Walter Nernst am Physikalisch-Chemischen Institut der Universität Berlin zum Dr.phil. In seiner Dissertation befasste er sich mit Einsteins photochemischem Äquivalenzgesetz. Er gewann mit seiner Arbeit die Goldmedaille der Philosophischen Fakultät des Jahres 1920.

Die nächsten beiden Jahre war Noddack Assistent am Institut für Physikalische Chemie. Danach wurde er Regierungsrat an der Physikalisch-Technischen Reichsanstalt in Berlin. Die Stelle als Leiter des chemischen Laboratoriums und später auch des neu gergündeten Photochemischen Laboratoriums dankte er seinem Doktorvater Nernst, der Präsident der Physikalisch-Technischen Reichsanstalt geworden war. 1935 wechselte Noddack, inzwischen zum Oberregierungsrat befördert, ins akademische Milieu und wurde ordentlicher Professor auf dem Lehrstuhl für Physikalische Chemie an der Universität Freiburg. 1941 ging er an die damalige deutsche Reichsuniversität Straßburg, wo er gleich zwei Institute leitete, das Institut für Physikalische Chemie und das von ihm neu begründete für Photochemie.

Das Kriegsende erlebte er in Oberfranken, und von dort aus entwickelte er bereits 1946 neue Aktivitäten. An der Philosophisch-Theologischen Hochschule Bamberg wurde er erneut Ordinarius und organisierte dort einen Studiengang für Chemie. Zugleich gründete er ein privates Forschungsinstitut für Geochemie, das 1956 unter seiner Leitung in staatliche Hände überging. 1957 übernahm er zusätzlich eine Professur an der Universität Erlangen.

Zeitlebens zeigte sich Noddack als einfallsreicher, vielseitiger Forscher. In seine Zeit an der Physikalisch-Technischen Reichsanstalt fallen seine Arbeiten zur Schließung der Lücken im Periodischen System der Elemente, die 1925 zur Entdeckung von Rhenium und Masurium führten. Später interessierten ihn vor allem Photochemie und Geochemie. Er kümmerte sich um den Einfluß physikalischer Faktoren auf das Zustandekommen und die Verteilung von Bildern, um den Mechanismus photographischer Sensibilisierung, um licht-elektrische Eigenschaften organischer Farbstoffe, um die Assimilation der Kohlensäure durch grüne Pflanzen und um die Photochemie des menschlichen Auges. Er bestimmte das Alter von Gesteinen, entwickelte neue Verfahren zur Lagerstättensuche, maß die Energie von Sprengstoffen, erforschte die Löslichkeit von Salzen und bemühte sich vor allem um eine besondere Gruppe von Elementen, die die Chemiker „seltene Erden" nennen.

Im Nachruf der „Deutschen Chemiker Gesellschaft" zum Tode von Walter Noddack im Jahre 1960 wird auf die wichtige Rolle von Ida Tacke bei den Forschungen ihres Mannes hingewiesen. In blumigem Nachruf-Deutsch heißt es dort: „... daß er sich fast vom Beginn seiner wissenschaftlichen Laufbahn an bis an sein Lebensende der unermüdlichen und aufopferungsvollen Mitarbeit seiner Gattin Ida erfreuen konnte. Ein Großteil seiner Arbeiten auf dem Gebiet der anorganischen und der allgemeinen Chemie und fast alle geochemischen Arbeiten hat sie gemeinsam mit ihm durchgeführt und veröffentlicht. An der Bereicherung, die die Wissenschaft durch die Noddacks erfahren hat, ist sie maßgeblich beteiligt. Wenn wir als Fachgenossen den Dank und die Anerkennung zum Ausdruck bringen, die unsere Wissenschaft Walter Noddack schuldet, darf nicht versäumt werden, zusammen mit ihm auch Ida Noddack-Tacke zu nennen."

Diese Reverenz an die Gemahlin war noch eine Untertreibung. Denn Ida Noddack-Tacke war eine hervorragende Forscherin auch aus eigenem Recht. Mit ihrem Mann hat sie fast 40 Jahre lang zusammen geforscht und gearbeitet, viele Ehrungen und Auszeichnungen haben sie zusammen erhalten und nahezu drei Dutzend Publikationen gemeinsam veröffentlicht, darunter 1933 das Buch „Das Rhenium". Den ersten gemeinsamen wissenschaftlichen Artikel schrieben die Noddacks 1925, kurz bevor sie heirateten, den letzten 1958, zwei Jahre vor Walter Noddacks Tod.

Als sie sich 1919 kennenlernten, waren beide Examenssemester. Ida Eva Tacke kam 1925 als Gastforscherin an die Physikalisch-Technische Reichsanstalt. Die Endzwanzigerin war hochqualifiziert und hatte bereits vier Jahre Berufserfahrung in der chemischen Industrie. Ihr Chemie-Studium an der Technischen Hochschule Berlin hatte sie 1921 mit einem Dr.-Ing. abgeschlossen und dann bei der AEG gearbeitet. Bei der Stellensuche geholfen hatte der jungen Frau sicher ihr vorzügliches Examen: Für ihr Diplom erhielt sie 1919 den 1. Preis der Abteilung Chemie und Hüttenkunde der TH. Zunächst befasste sie sich mit Kunstharzen, Brenn- und Schmierstoffen. Ab 1922 machte sie sich zusammen mit Otto Berg und Walter Noddack auf die Suche nach den letzten, unbekannten Elementen im Periodensystem, anfangs noch bei der Firma Siemens und Halske, wo ihr die Bekanntschaft mit der Eigentümerfamilie die räumlichen und technischen Möglichkeiten zu privaten Untersuchungen gab.

Der Erfolg der gemeinsamen Arbeit blieb nicht aus: Bald konnten Ida Tacke und Walter Noddack wichtige Voraussagen über die Häufigkeit, das Vorkommen und die chemischen Eigenschaften der gesuchten Elemente machen. Bis zum tatsächlichen Nachweis dauerte es allerdings noch geraume Zeit. Erst mußten riesige Mengen von Mineralien mühsam chemisch getrennt und aufgeschlossen werden. Nach 5000facher Anreicherung gelang mit einem Gadoliniummineral der röntgenspektroskopische Nachweis des Elements 75, das die Entdecker Rhenium nannten. Der Name war wohl eine Art Hochzeitsgeschenk. Denn Ida Tacke aus Lackhausen bei Wesel am Niederrhein wurde im Mai 1925 Frau Walter Noddack.

Erhebliche Mühe kostete es auch, eine größere Menge des Elements 75 rein darzustellen. Auf Studienreisen durch Skandinavien sammelten die Noddacks hunderte von Mineralien. 660 Kilogramm Molybdänglanz mußten schließlich aufgearbeitet werden, bis das Forscherpaar 1928 ein einziges Gramm Rhenium in Händen hielt, das ihm erlaubte, die chemischen und physikalischen Eigenschaften des neuen Elements zu prüfen. Zwei Jahre später war unter Leitung der beiden Wissenschaftler ein spezielles Hüttentrennungsverfahren ausgetüftelt und der Weg zur technischen Herstellung des Elements frei. Rhenium fand seitdem vor allem nützliche Verwendung als Legierungsbestandteil von Schmuckmetallen und von chemisch besonders resistenten Legierungen, etwa zur Herstellung von Thermoelementen und Antikathoden.

Das Rhenium brachte den Noddacks fünf Nominierungen für den Chemie-Nobelpreis in den Jahren von 1932 bis 1937 und auch sonst viel gemeinsame Anerkennung: Der Verein Deutscher Chemiker verlieh dem Paar für seine Entdeckung 1931 die Justus-Liebig-Gedenkmünze. Sie wurden Mitglied der Deutschen Akademie der Naturforscher Leopoldina in Halle, und die Schwedische Chemische Gesellschaft zeichnete die beiden 1934 mit der Scheele-Medaille aus.

Mit dem zweiten Element, das sie zusammen mit dem Rhenium entdeckten, hatten die Noddacks weniger Glück: Bei dem Element 43, das sie Masurium nannten, war ihr röntgenspektroskopischer Befund nicht so eindeutig. Ausschlaggebend war aber, daß es ihnen trotz aller Mühen nicht gelang, dieses Element in wägbaren Mengen zu gewinnen und die Skeptiker von seiner Existenz zu überzeugen. Der Streit, ob die Konzentration des Elements 43 in den Proben für den Nachweis mit Röntgenstrahlen ausgereicht hat und ob die Noddacks tatsächlich das Masurium sehen konnten, dauert bis heute an.

Die Noddacks beharrten unbeirrt auf ihrem Fund, und speziell Ida Noddack machte sich im Kollegenkreis weiter unbeliebt, als sie sich im September 1934 mit ihrem Aufsatz „Über das Element 93" in der Zeitschrift „Angewandte Chemie" auf der Basis ihrer Erkenntnisse zum Masurium kritisch in die Diskussion über die Transurane einschaltete. Kurz zuvor hatte Enrico Fermi in Rom behauptet, solche Transurane – also künstliche Elemente, schwerer als das schwerste natürliche Element – seien in seinem Labor bei dem Beschuß von Uran mit Neutronen entstanden. Ida Noddack hat die von Fermi mitgeteilten Ergebnisse kritisch analysiert und kam dabei zu dem Schluß, daß Fermis Messungen kaum die Existenz eines neuen Elements beweisen könnten. Unbelastet von den damaligen Vorurteilen der Physiker behauptete die Chemikerin, daß sich Fermis vermutete Transurane auch als Spaltung des Urankerns in Einzelstücke deuten ließen. Ida Noddacks kühner Gedanke: „Es wäre denkbar, daß bei der Beschießung schwerer Kerne mit Neutronen diese Kerne in mehrere große Bruchstücke zerfallen, die zwar Isotope bekannter Elemente, aber nicht Nachbarn der bestrahlten Elemente sind."

Eine solch unorthodoxe Vermutung hielten die Physiker damals für absurd. Ida Noddacks Hypothese wurde denn auch in Rom, in Paris und auch in Berlin ignoriert. Denn nicht nur Fermi und sein Team, sondern auch Irène Joliot-Curie, Otto Hahn und Lise Meitner erforschten zu dieser Zeit, was passierte, wenn man Uran mit Neutronen bombardierte. Die gesamte Fachwelt sah Ida Noddacks Meinung für völlig abwegig an und lachte darüber. Vier Jahre später gab ihr Otto Hahns Entdeckung der Kernspaltung recht. Otto Hahn erhielt für seine Leistung den Nobelpreis. Als sich Ida Noddack bei Hahn beklagte, daß er ihre Idee ständig ignoriert und sie später nicht einmal namentlich erwähnt habe, wurde sie ungnädig abgekanzelt.

In einem Brief an den deutsch-schwedischen Chemiker Hans von Euler-Chelpin machte Ida Noddack am 17. Februar 1939 ihrem Ärger Luft. Sie schrieb: „Kurz nach meiner Veröffentlichung erschien die erste Arbeit von Hahn und Meitner über ihre Transuran-Versuche, in der sie meine Publikation nicht zitierten.

Auf telefonische Anfrage erklärte Hahn, daß sie meine Arbeit aus ‚Courtoisie' verschwiegen hätten. Damit meinte er offenbar, daß die von mir geäußerten Vermutungen für den radioaktiven Fachmann so unsinnig wären, daß man von ihnen am besten schweige ... Bitte verstehe mich recht, Hans, ich mache keinerlei Anspruch auf Hahns Entdeckung, er hat die Arbeit geleistet. Nur das Großartige seiner neuen Annahmen muß ich schmälern, denn uns erschienen solche Zerfallsprozesse schon 1934 durchaus wahrscheinlich."

Zu diesem Zeitpunkt war Ida Noddack schon nicht mehr in Berlin: 1935 ging sie mit ihrem Mann nach Freiburg, als der auf den dortigen Lehrstuhl für Physikalische Chemie berufen wurde. 1942 begleitete sie ihn nach Straßburg, 1946 nach Bamberg. Die Ehe der Noddacks war kinderlos, und so blieb Ida Noddack zu allen Zeiten und an allen Stationen von Walter Noddacks beruflicher Karriere seine zuverlässige Partnerin – von 1935 bis 1945 am Institut für Physikalische Chemie der Universitäten Freiburg und Straßburg, nach dem 2. Weltkrieg als frei forschende Chemikerin, ab 1956 am Staatlichen Forschungsinstitut für Geochemie, wo sie noch acht Jahre nach Noddacks Tod arbeitete.

Wie ihr Mann beschäftigte sie sich mit dem Vorkommen von Elementen in der Erdrinde und im Weltall, was harten Fleiß und unermüdliche Arbeit erforderte: Im Laufe der Zeit untersuchte sie zusammen mit Walter Noddack 1 600 Mineralien und Meteorite, um daraus auf die Häufigkeit der Elemente schließen zu können. Selbst auf Ferienreisen scheint das wissenschaftliche Interesse im Gepäck gewesen zu sein. Dafür spricht jedenfalls der Titel einer gemeinsamen Untersuchung aus dem Jahre 1939: „Die Häufigkeiten der Schwermetalle in Meerestieren". Die Noddacks kamen zu der Überzeugung, daß jedes Element in jedem Mineral enthalten wäre. Sie erfanden dafür den Terminus der „Allgegenwartskonzentration", ein etwas naturphilosophisch überfrachteter Begriff, der sich allerdings auch nicht als tragfähig erwiesen hat.

Ida Noddack schrieb 60 wissenschaftliche Einzelveröffentlichungen in chemischen Zeitschriften und Sammelwerken, außerdem zwei Monographien, 1933 das Buch „Das Rhenium" zusammen mit ihrem Mann, 1942 allein eine Studie über „Entwicklung und Aufbau der chemischen Wissenschaft". Trotz ihrer großartigen Leistungen und ihrer umfangreichen Publikationsliste wurde allerdings weder sie noch ihr Mann wirklich prominent.

Die Reserviertheit der Fachkollegen gegenüber dem rührigen Forscherpaar mag mit dessen wissenschaftlicher Situation zu tun gehabt haben: Beide Noddacks waren akademische Seiteneinsteiger, noch dazu mit stark interdisziplinären Neigungen, was damals bedeuten konnte, zwischen alle Stühle zu geraten. In Berlin forschten sie an der Physikalisch-Technischen Reichsanstalt, er als Regierungsrat im Rahmen einer regulären Beamtenlaufbahn, sie als Gastmitarbeiterin und damit ohne ordentliche Stelle, beide also in ihrem Status weit entfernt vom Glanz des wissenschaftlichen Establishments, vor allem des feinen Dahlemer Zirkels des Kaiser-Wilhelm-Institutes für Chemie, dem Otto Hahn und Lise Meitner angehörten. Dort galten die Noddacks denn auch nicht als satisfaktionsfähig.

Wissenschaftssoziologen haben inzwischen zur Genüge dargetan, wie schwer es weniger bekannte Forscher aus nicht so renommierten Institutionen haben, sich für ihre Entdeckungen Gehör im Kollegenkreis zu verschaffen, auch wenn die bahnbrechende Erkenntnisse beinhalten. Handelt es sich dabei auch noch um verfrühte Entdeckungen, für die die rechte Sprache der Beschreibung fehlt, oder gar um skandalöse Vermutungen, die in keiner Weise in das Denken der Zeitgenossen passen, so schlägt das gleichgültige Desinteresse leicht in Feindlichkeit um, zumal wenn die Neuerer von ihrer Sache nicht ablassen wollen. Dieses Schicksal widerfuhr offensichtlich den Noddacks bei ihrem diffizilen Fund des Masuriums und wiederholte sich für Ida Noddack bei ihrer revolutionären Prognose der Kernspaltung.

Zunächst stieß die Chemikerin nicht einmal auf offenen Widerstand, sondern wurde schlichtweg ausgelacht. Später galt sie als lästige Nervensäge. Wann immer Walter Noddack Otto Hahn in den Jahren 1935 bis 1938 an Idas Vermutung vom nuklearen Zerfall erinnerte, soll der mit dem Verweis auf das Masurium gekontert haben: „Ein Fehler reicht!". Nach Hahns Entdeckung war Ida Noddack im Klub der etablierten Kernforscher gänzlich eine Unperson. Selbst Lise Meitner nannte Ida Noddack in einem Brief an Otto Hahn aus ihrem Stockholmer Exil verächtlich „eine unangenehme Ursche". In einem Schreiben an Paul Rosbaud, den Herausgeber der Zeitschrift „Naturwissenschaften", warf sie der achtzehn Jahre jüngeren Kollegin „unwissenschaftlichen Kleingeist und Neid" vor und freute sich, daß „sie einen großen Narren aus sich selbst gemacht habe".

Bereits der Streit um das Masurium scheint die Reputation der Noddacks allerorts beinträchtigt zu haben. Offenbar hat er später erheblich dazu beigetragen, daß Idas Vermutung der Kernspaltung im Kollegenkreis so wenig Anklang fand. Ihre Forderung an Hahn, bei dessen Entdeckung 1939 wenigstens zitiert zu werden, tat dieser als neuerliche Geltungssucht der Chemikerin ab.

Hahns und Lise Meitners Empfindlichkeit gegenüber den Noddacks hatte sicher nicht nur mit Prioritätengezänk, sondern auch mit den politischen Unbilden der Zeit zu tun. Einige Wissenschaftler, die die Noddacks kannten, behaupteten zwar Jahre später, daß deren Begeisterung für den Nationalsozialismus nicht sonderlich groß gewesen sei und sie nicht einmal der NSDAP angehört hätten. Andere allerdings sagten genau das Gegenteil. Emilio Segré beispielsweise beteuerte 1987 in einem Interview, Walter Noddack habe ihn 1937 in SA-Uniform mit Hakenkreuzen in seinem Labor in Palermo aufgesucht. Paul Rosbaud gab 1945 zu Protokoll, die Noddacks hätten nach 1933 ihren früheren Mitarbeiter Otto Berg nicht mehr namentlich erwähnt, weil er Jude gewesen sei.

Die Wahrheit ist schwer auszumachen, und auch aus der Korrespondenz von Otto Hahn und Lise Meitner lassen sich nur Andeutungen entnehmen. So schrieb Otto Hahn im April 1939 über Ida Noddack: „Sie hat nur wenig Freunde hier unter uns, aber offensichtlich einige in anderen Kreisen!". Es bleibt die Frage, ob und wo sich Ida Noddack überhaupt Freunde machen wollte. Ihre politische Verbindungen jedenfalls können nicht sonderlich bedeutend gewesen sein: Ihr beruflicher Status blieb wie der anderer Wissenschaftlerinnen im Nationalsozialismus eher bescheiden.

Was den Prioritätenstreit um die Kernspaltung anbetrifft, so reagierte Hahn hart und unerbittlich: Die Uranspaltung war seine Entdeckung, und er mochte Ida Noddack keine noch so kleine Fußnote zugestehen. Nach jahrelangen Querelen mit Otto Hahn erlebte Ida Noddack immerhin Ende der sechziger Jahre eine späte Genugtuung: In seinem letzten Rundfunkinterview änderte der greise Nobelpreisträger endlich seinen Sinn. Er sagte: „Die Ida hatte doch recht."

Ida Noddack hat das nicht mehr viel genützt. Sie, die keineswegs eine versponnene Außenseiterin war, sondern in den dreißiger Jahren zusammen mit Irène Joliot-Curie und Lise Meitner zur internationalen Spitzengruppe der Kernphysik gehörte, war damals am Ende ihres Berufslebens und lange vor ihrem Tod schon fast vergessen. Sie starb 1978 mit 82 Jahren in einem Altenheim in Bad Neuenahr. Ihren Mann hat sie um 18 Jahre überlebt, ihre letzte Publikation, einen Beitrag in einer ernährungswissenschaftlichen Zeitschrift, um anderthalb Jahrzehnte.

Kathleen und Thomas Lonsdale

Kathleen Lonsdale (1903–1971) kam am 28. Januar 1903 als zehntes und jüngstes Kind von Harry Frederick Yardley und Jessie Cameron zur Welt. Ihr Vater war zum Zeitpunkt ihrer Geburt Postmeister in Nordirland und die kleine Tochter nach langen Jahren der Trennung ihrer Eltern das Ergebnis eines Versöhnungsversuchs. Als Kathleen fünf Jahre alt war, gingen die Eltern endgültig auseinander. Die Mutter zog mit den Kindern wieder nach England, nach Seven Kings, in eine kleine Stadt im Osten von London. Auch wenn der Vater nicht mit seiner Familie lebte, so war er doch präsent: Kathleen erinnerte sich später mit Dankbarkeit an seine Begeisterung für Mathematik und Literatur und an seine Liebe zu Büchern und Enzyklopädien, die sie von ihm übernommen zu haben meinte.

Kathleen Yardley zeigte sich schon früh als begabte Schülerin. Mit sechzehn bekam sie ein Stipendium für das Bedford College in London, wo sie zunächst Mathematik, dann auch Physik studierte. Die Mahnung der Institutsdirektorin, doch bei der Mathematik zu bleiben, weil es in der Physik zu viel männliche Konkurrenz gäbe, schlug sie in den Wind und machte noch als Teenager mit neunzehn ein vorzügliches Bachelor-Examen: Ihre Punktzahl in den schriftlichen Prüfungen übertraf die Noten aller Physikstudenten in den zehn Jahren zuvor am Londoner University College, und einer ihrer Prüfer, der Nobelpreisträger Sir William Henry Bragg, war von ihrer Leistung so beeindruckt, daß er ihr eine Stelle als Forschungsassistentin anbot. Das Salär aus Stiftungsmitteln betrug 180 Pfund im Jahr; als Mittelschullehrerin hätte sie 240 Pfund verdient. Aber Kathleen Yardley wollte wissenschaftlich arbeiten, und so nahm sie ohne zu zögern, Braggs Offerte an.

Bragg hatte ein Jahrzehnt zuvor eine Methode zur Kristallstrukturbestimmung mit Röntgenstrahlen und das darauf beruhende Röntgendiffraktometer entwickelt, wofür er 1915 zusammen mit seinem Sohn den Nobelpreis für Physik erhalten hatte. Kathleen Yardleys Aufgabe in Braggs Arbeitsgruppe wurde es, die Kristall-

Kathleen Lonsdale (1903–1971) – rechts neben dem Baum und Thomas Lonsdale (1901–1979) – am linken Bildrand

struktur organischer Stoffe mit Hilfe von Röntgenstrahlen zu untersuchen. Damit begann 1922 ihre wissenschaftliche Karriere als Kristallographin, erst am University College, dann an der Royal Institution in London, wohin sie Bragg folgte. Kathleen Yardley blieb ihr Leben lang der Kristallographie treu und entwickelte zahlreiche Röntgentechniken zur Analyse von Kristallstrukturen. Sie unterbrach zu keiner Zeit ihre Forschungen, nicht einmal in dem kurzen Intervall nach ihrer Hochzeit mit Thomas Lonsdale, als sie 1927 für drei Jahre nach Leeds zog, bevor sie zur Royal Institution zurückkehrte.

In den vierziger und fünfziger Jahren konnte Kathleen Lonsdale die Früchte ihres wissenschaftlichen Erfolgs einsammeln: 1945 wurde sie als erste Frau in die Royal Society gewählt, 1946 zur Lektorin und 1949 zur Professorin für Chemie am Londoner University College ernannt, 1956 als Dame Commander of the British Empire in den Adelsstand erhoben. 1957 erhielt sie die Davy Medal der Royal Society, und von 1960 bis 1961 war sie Vizepräsidentin dieser Gesellschaft.

Während ihrer langen, höchst aktiven Karriere zog Kathleen zwei Töchter und einen Sohn groß. Sie hatte viele Interessen und reiste um die halbe Welt. Sie war Mitglied der Society of Friends, der Quäker-Gemeinschaft, und setzte sich tatkrätig für Frieden, Freiheitsrechte und die Reform der Gefängnisse ein. Bei ihrer politischen Arbeit half ihr in späteren Jahren das wissenschaftliche Renommé, das sie sich erworben hatte.

Kathleen Lonsdale war ein halbes Jahrhundert lang mit Leib und Seele Kristallographin und wurde zu einer der ganz Großen in diesem Fach. Als sie 1922 damit begann, steckte die Disziplin, in der die grundlegende Experimentiertechnik die Beugung mit Röntgenstrahlen ist, noch in den Kinderschuhen. Erst zehn Jahre zuvor hatte der deutsche Physiker Max von Laue durch die Entdeckung von Röntgenstrahlinterferenzen an Kristallen die Gitterstruktur der Kristalle nachgewiesen, und Vater und Sohn Bragg hatten in der Folge die Apparate und die Mathematik für die Röntgenstrukturanalyse einfacher Kristalle entwickelt. Seitdem konnte man die räumliche Anordnung der atomaren Bausteine von Kristallen aus der Untersuchung der Beugungsmuster erschliessen, die entstehen, wenn man Röntgenstrahlen durch diese Kristalle schickt. Aus hunderten von gewonnenen Einzeldaten ließ sich die molekulare Struktur der Kristalle ermitteln. Das ging allerdings nicht ohne viele komplizierte mathematische Operationen ab, und über die Ableitung der Struktur mehr oder weniger einfacher anorganischer Substanzen war man nicht hinausgekommen, bis Kathleen Lonsdale die Szene betrat. Die Größe, die Form und die atomaren Abstände organischer Moleküle waren Neuland.

Als gelernte Mathematikerin und Physikerin packte Kathleen Lonsdale die Sache zunächst von der theoretischen Seite an. Sie beschäftigte sich mit der mathematischen Darstellung von Kristallstrukturen und machte sich auf die Suche nach molekularen Symmetrien in organischen Kristallen. Mit einundzwanzig Jahren konnte sie erste Ergebnisse veröffentlichen. Ihre Studie wurde ein Klassiker, besonders geeignet für Neulinge zur Einarbeitung in das schwierige Gebiet der Kristallographie organischer Moleküle. Auch später verwendete Kathleen Lonsdale viel Zeit und Energie auf die mathematische Darstellung von Kristallstrukturen. Ihre zahlreichen Bände der „International Tables for X-Ray Cristallography" gehören noch immer zum Handwerkszeug aller, die sich mit Kristallographie beschäftigen, auch wenn Computer-Programme heute solche hochkomplizierten Rechenoperationen erleichtern.

Obwohl Kathleen Lonsdale damit kokettierte, daß sie nichts von organischer Chemie verstehe und auch sonst wenig von Chemie wisse, gelang ihr schon bald der entscheidende Fortschritt bei ihren Forschungen. 1929 bestätigte sie, daß der Benzolring tatsächlich sechseckig ist, und gab seine präzisen Abmessungen an. Die Fachwelt war voll des Lobes für die Außenseiterin der Profession.

Letztlich blieb ihre Liebe aber doch die Physik der Kristalle. Am meisten interessierten sie lange Zeit Diamanten. Sie entwickelte eine Röntgentechnik, mit der sich erstmals die Entfernung zwischen den Kohlenstoffatomen im Diamant messen ließ. Als sie fast sechzig war, orientierte sie sich noch einmal neu und wandte nun die Kristallographie – vielleicht aus Altersgründen – auf medizinische Probleme an. Nachdem ihr ein befreundeter Urologe seine Sammlung von Nieren- und Gallensteinen gezeigt hatte, begann sie, diese Kuriosa aus dem menschlichen Körper so fachgerecht zu untersuchen wie vormals ihre Diamanten. Als sich ihr neues Interesse herumsprach, landeten zu ihrem Amusement bald sogar historische Reliquien auf ihrem Labortisch, so ein Gallenstein von Napoleon III.

Kathleen Lonsdale übte beachtlichen Einfluß auf die Entwicklung der Röntgenkristallographie und verwandter Gebiete in Physik und Chemie aus. Nur sehr wenige Forscher haben solche bedeutenden Fortschritte in so viele verschiedene Richtungen gemacht. In der Fachwelt ist Kathleen Lonsdale früh unter ihrem Ehenamen bekannt geworden. Nur ihre beiden allerersten Arbeiten im Jahr 1924 zeichnete sie mit ihrem Mädchennamen Yardley. Ihre Röntgenstudie über kristallisierende Ethan-Bestandteile, die ihr auf Braggs Betreiben den Doktortitel und zwar ohne mündliches Examen einbrachte, veröffentlichte sie 1927 kurz nach ihrer Heirat. Es war eine Art Hochzeitsanzeige für die Kollegen unter der Überschrift „Kathleen Yardley, M.Sc. (Mrs. Lonsdale)".

Im Laufe von Kathleen Lonsdales langer Karriere kam eine stattliche Publikationsliste zustande. Manche Arbeiten tragen dabei neben ihrem eigenen Namen auch den Namen von Mitarbeitern und Kollegen. Nie allerdings findet sich Kathleen Lonsdales Mann Thomas auf dem Titel, obwohl er doch Wissenschaftler war wie sie selbst und noch dazu aus dem gleichen Fach kam. Kathleen und Thomas Lonsdale waren 44 Jahre miteinander verheiratet und fast 50 Jahre intellektuell und emotional verbunden. Sie dürfen als wissenschaftliches Musterpaar gelten, auch wenn ihre Kooperation eine Qualität hatte, die sich nicht in gemeinsamen Veröffentlichungen niederschlug.

Kathleen Yardley und Thomas Lonsdale begegneten sich erstmals 1922 am University College in London. Sie waren beide höhere Physik-Semester, die ihr erstes Examen hinter sich hatten. Die 19jährige Kathleen arbeitete sich bei Sir William Henry Bragg in die Röntgenkristallographie ein. Der 20jährige Thomas Lonsdale (1901–1979) erforschte bei Alfred W. Porter die elastischen Eigenschaften von Metalldrähten. Ursprünglich hatte er Medizin studieren wollen, sich dann aber wie sein Vater für die Naturwissenschaften entschieden. Wie sein Großvater väterlicherseits interessierte er sich für Philosophie und liebe Streitgespräche über religiöse Fragen. Als Kathleen und Thomas anfingen, ihre Sonntage gemeinsam zu verbringen, gingen sie oft in Londoner Kichen und hörten sich dort die Predigten an.

Das Carey-Forster-Laboratorium des „University College" in London, in dem Thomas und Kathleen arbeiteten, war in einem kleinen Landhaus untergebracht. Die jungen Wissenschaftler dort waren eine eingeschworene Gemeinschaft, die nicht nur lernte, forschte und über Wissenschaft redete, sondern auch über Religion, Politik und das Leben diskutierte und im Keller wilde Tischtennis-Turniere veranstaltete. Kathleen arbeitete im Erdgeschoß nach Süden hin und hatte ab 1923 ein eigenes Ionisierungsspektrometer auf ihrem Labortisch. Eines Tages mußte sie etwas löten, und Thomas bot sich an, das für sie zu erledigen. Sie lehnte dankend ab und bat stattdessen, daß er ihr diese Kunst beibringen möge. Das war der Beginn ihrer näheren Bekanntschaft.

1923 wechselte William Bragg zur Royal Institution, und Kathleen folgte seiner Einladung mitzukommen. Thomas Lonsdale verließ ebenfalls das University College und arbeitete fortan bei der British Silk Research Association, die dem Textile Department der Universität Leeds angeschlossen war. Er untersuchte dort die Elastizität von Seidenfasern und erfand dazu ein spezielles Meßgerät.

Während der Zeit ihrer Trennung schrieben sich Kathleen und Thomas fast täglich, auch über religiöse und philosophische Probleme. Schließlich bat Thomas in einem Brief Kathleen, ihn zu heiraten. Sie verlobten sich und blieben es vier Jahre lang. Kathleen plante vier Kinder und dachte zunächst daran, ihren Beruf mit der Heirat aufzustecken. Ihr künftiger Mann redete ihr diese Absicht aus. Denn er wußte, wie sehr sie an ihrer Tätigkeit hing und wie gut sie war.

Kathleen und Thomas Lonsdale heirateten am 27. August 1927 in der Baptisten-Kirche in Ilford in Essex. Noch im Dezember des gleichen Jahres hatte die junge Ehefrau ihren Doktorhut, und als man ihr das mündliche Examen erließ, neckte sie ihr Mann damit, daß die Prüfer lieber freiwillig auf die Prüfungsgebühren verzichtet hätten als sich ihre langatmigen mathematischen Formeln anhören zu müssen.

Kathleen zog zu Thomas Lonsdale nach Leeds und arbeitete unverdrossen zu Hause weiter. Ihr Beitrag zum Familieneinkommen war bescheiden: Sie hatte ein kleines Stipendium des Londoner Bedford-Colleges und dazu eine Hilfsassistentenstelle am Physik-Department der Universität Leeds. Sie beschäftigte sich jetzt mit der Asymetrie von Kohlenstoffverbindungen – zunächst nur auf dem Papier. Erst als ihr die Royal Society 150 Pfund zum Gerätekauf bewilligte, konnte sie auch Röntgenstrahlen einsetzen und kompliziertere Kristalle wie Hexamethylbenzol untersuchen. Die Berechnungen waren schwierig, zäh und ermüdend. Kathleen Lonsdale saß auch abends über ihrer Arbeit, während ihr Mann neben ihr mit Metalldrähten experimentierte und deren Dehnbarkeit für seine Dissertation erforschte.

Den kleinen Haushalt betrieb das Paar zu dieser Zeit gemeinsam. Sie kauften zusammen auf dem Markt ein, kochten sich ihre Stachelbeermarmelade für das Frühstück selbst und bereiteten morgens, bevor sie in die Uni gingen, das Gemüse für das Mittagessen vor. Kathleen kam dann eine halbe Stunde eher zurück, damit sie um 12 Uhr essen und die Geldausgabe in der Universität sparen konnten.

Kurz nachdem Kathleen Lonsdale dem Benzol-Ring in ihrer Veröffentlichung vom November 1928 aufsehenerregende sechs Ecken bescheinigt hatte, wurde ihre Tochter Jane geboren. Die junge Mutter brachte die Royal Institution dazu, ihr 50 Pfund im Jahr zu gewähren, damit sie eine Haushaltshilfe anstellen konnte, und arbeitete neben dem Bettchen ihres Babys weiter.

1930 verlor Thomas Lonsdale seine Stelle in der Seidenforschung. Es gelang ihm, ohne Gehaltseinbuße in der Forschungsabteilung des britischen Transport- und Verkehrsministeriums unterzukommen, und die Lonsdales zogen zurück nach London. 1931 wurde dort Tochter Nancy geboren.

Unermüdlich setzte Kathleen Lonsdale ihre Kristallberechnungen fort – daheim und nur mit der Logarithmentafel. Inzwischen hatte sie sich Hexachlormethyl vorgenommen. Auch diese Sysiphus-Arbeit brachte sie zu einem beachtlichen Ende und heimste viel Anerkennung für ihre Zähigkeit und ihren Einfallsreichtum ein. 1934 kam mit Sohn Stephen das dritte und letzte Kind der Lonsdales zur Welt. Nun, nachdem die Familie komplett war, kehrte Kathleen Lonsdale zu ihrem alten Gönner Bragg in die Royal Institution zurück. Sie blieb auch nach Braggs Tod 1942 noch drei Jahre dort. Ihre Anstellung war befristet, und Jahr für Jahr mußten die Mittel für ihre Forschungsarbeit neu bewilligt werden.

Die Erziehung ihrer Kinder ließ die Lonsdales endgültig zu praktizierenden Quäkern und betonten Pazifisten werden. Dieser Pazifismus brachte Kathleen Lonsdale in den Kriegsjahren in Bedrängnis, als sie sich weigerte, sich als Luftschutzwart eintragen zu lassen. Zwar arbeitete sie bereits freiwillig im Luftschutzdienst, aber registrieren lassen wollte sie sich nicht. Das hätte in ihren Augen eine offizielle Teilnahme am Krieg bedeutet und das wollte sie unter keinen Umständen. Sie wußte, daß sie mit ihrer Ablehnung Beruf und Karriere riskierte und ihren Mann und die drei kleinen Kinder in Schwierigkeiten brachte. Aber sie hielt Krieg für den falschen Weg, das Böse zu bekämpfen, und beharrte auf ihrer Meinung.

Die Konsequenzen blieben nicht aus: Der örtliche Magistrat lud sie vor und erlegte ihr eine Strafe von zwei Pfund auf. Als sie nicht zahlte, mußte sie für einen Monat ins Holloway Gefängnis. Am 23. Januar 1943, sechs Tage vor ihrem 40. Geburtstag, trat sie zitternd ihre Strafe an. Sie hatte dabei einige Vergünstigungen: Immerhin durfte sie wissenschaftliche Instrumente und Unterlagen mitbringen, sodaß sie abends in ihrer Zelle arbeiten konnte.

Längst war Kathleen Lonsdale eine anerkannte Wissenschaftlerin, aber erst 1945 wurde sie in die Royal Society, die britische Akademie der Wissenschaften, gewählt – als erstes weibliches

Mitglied zusammen mit der Mikrobiologin Marjory Stephenson. Sie war die erste verheiratete Frau und Mutter in dem altehrwürdigen Gremium. Kathleen Lonsdale freute sich sehr über die Wahl und meditierte noch lange über einen möglichen Zusammenhang zwischen ihrer Einweisung ins Gefängnis und der Entscheidung der Royal Society.

Im Dezember 1946, als sie fast 44 Jahre alt war, bekam Kathleen Lonsdale erstmals eine Dauerstelle als Dozentin – im Londoner University College, an dem sie und ihr Mann sich seinerzeit kennengelernt hatten. Sie konnte im Fachbereich Chemie eine eigene Forschungs-Gruppe aufbauen. Der neue Lehrstuhl für Kristallographie allerdings ließ noch drei weitere Jahre auf sich warten, und sie war 22 Jahre im Beruf, bis sie sich Professor nennen konnte.

Im Januar 1956 wurde Kathleen Lonsdale gleichzeitig Großmutter und Dame of the British Empire. In demselben Jahr entwickelte sie sich angesichts der amerikanischen, britischen und russischen Kernwaffenversuche zur Atomwaffengegnerin. Sie schrieb eine Streitschrift „Ist Frieden möglich?" und verwandte viel Zeit auf Vorträge gegen Krieg und Aggression. Sie wurde Präsidentin der britischen Sektion der „Internationalen Frauenvereinigung für Frieden und Freiheit". Ihr Mann erledigte für sie die Korrespondenz.

Nachdem Thomas Lonsdale den 2. Weltkrieg damit zugebracht hatte, überall im Land im Auftrag seiner Dienststelle Luftschutzbunker zu bauen, war er anschließend wieder in der Forschungsabteilung des Verkehrsministeriums tätig. Er testete dort Motorradhelme, Straßenbeläge, Verkehrsschilder und Apparate zur Steuerung des Verkehrsflusses. 1960 ließ er sich mit erst 60 Jahren pensionieren, um seine Frau bei ihren politischen Aktivitäten zu unterstützen. Er wurde zum Sekretär und Hausmann. Inzwischen lebte das Paar auf dem Land, in Bexhill-on-Sea, einem netten, ruhigen Ort an der Küste, zweieinhalb Zugstunden von London entfernt, und Kathleen Lonsdale mußte lange Fahrten zur Arbeit in Kauf nehmen. Wenn sie abends erschöpft nach Hause kam, brachte ihr Mann ihr Tee und ein warmes Abendessen ans Bett, und morgens um 5.30 Uhr mußte sie schon wieder aufstehen.

Im Dezember 1970 wurde bei Kathleen Lonsdale Leukämie festgestellt. Ein halbes Jahrhundert lang hatte sie mit Röntgenstrahlen hantiert, und vermutlich waren diese die Ursache ihrer Krankheit. Zum 70. Geburtstag ihres Mannes durfte sie noch einmal kurz das Krankenhaus verlassen. Am 1. April 1971 starb sie, 68 Jahre alt. Ihr Mann blieb in dem gemeinsamen Haus und lebte noch acht einsame Jahre.

Die Ehe hatte im Mittelpunkt von Kathleen und Thomas Lonsdales Leben gestanden. Es war eine Gemeinschaft, die im Glauben an Gott und die Wissenschaft, an den Partner und die Familie gelebt wurde. Zunächst war die Karriere des Mannes bestimmend gewesen, als das Paar nach Leeds zog und später zu seiner beruflichen Neuorientierung zurück nach London ging. Gemeinsam engagierten sich die Eheleute bei den Quäkern und in der Friedensbewegung. Ohne den moralischen Rückhalt ihres Mannes hätte Kathleen Lonsdale im Krieg wohl kaum den Mut gehabt, wegen einer Bagatelle ins Gefängnis zu gehen, und auch später hielt Thomas Lonsdale seiner Frau den Rücken frei: Entgegen dem gängigen Muster blieb er zu Hause. Er erledigte Organisatorisches und den Papierkrieg und sorgte dafür, daß sie neben ihrem Wissenschaftlerberuf in der Öffentlichkeit für die Friedensbewegung und die Gefängnisreform agieren und durch die Welt reisen konnte.

Kathleen Lonsdale wurde nicht nur Mitglied von University College und Bedford College, sondern auch Vorsitzende der International Union of Crystallography und der erste weibliche Präsident der British Association for the Advancement of Science. Sie erhielt Ehrendoktorhüte von vielen britischen Universitäten. Im Vergleich dazu blieb Thomas Lonsdales wissenschaftliche Karriere bescheiden. Von Anfang an hatte er der angewandten Wissenschaft zugeneigt und sich in seiner Forschung mit mehr praktischen Dingen beschäftigt. Viele Jahre lang war er Hauptenährer der wachsenden Familie, und so stand das Geldverdienen und nicht die Themenwahl bei seiner Tätigkeit in der Industrieforschung im Vordergrund. Auch wenn er in seinen Jobs sicher solide Arbeit geleistet hat, ist Thomas Lonsdale nie ein Wissenschaftler von internationalem Rang und Ansehen geworden. Seine Publikationsliste beschränkte sich auf einige wenige, nur für einen engen Kreis von Fachleuten interessante Aufsätze über Materialbeschaffenheit und Meßinstrumente. Er hatte keine Ehrenämter und bekam auch keine Preise und Medaillen. In wissenschaftlichen Nachschlagewerken findet er sich nicht mit einem eigenen Eintrag, sondern allenfalls als Ehemann seiner berühmten Frau.

Die Rolle des Prinzgemahls schmälert Thomas Lonsdales Bedeutung für die Wissenschaft nicht: Ohne ihn wäre Kathleen Lonsdale vermutlich nicht zur berühmtesten Kristallographin dieses Jahrhunderts geworden. Er war vom Intellekt, von Herz und Hirn der richtige Ehemann für eine erstklassige Wissenschaftlerin.

Die vertane Chance

Mileva Marić und Albert Einstein

Er nannte sie „Doxerl", auf süddeutsch „Püppchen", und verzehrte sich in seinen Briefen vor Sehnsucht nach seiner „lieben Kloanen", dem „Miezchen" und der „geliebten Hex'„: „Ich mag hingehen, wo ich will, und ich vermisse zwei Ärmchen und das glühende Mäulchen voller Zärtlichkeit." Sie hieß ihn „süßes Schatzerl" oder „liebster Johannzel" und schrieb ihm von „so vielen Busserln", die sie „aufgespeichert" habe. Sie erzählte ihm aber auch von der kinetischen Wärmetheorie der Gase, von der sie gerade in einer Vorlesung gehört hatte, oder dem Lehrbuch von Professor Weber, aus dem sie fürs Examen lernte. Denn beide waren sie Physik-Studenten am Zürcher Polytechnikum, als sie sich kennenlernten – sie 21 Jahre alt, er gerade 18. Die Rede ist von Albert Einstein (1879–1955), zwei Jahrzehnte später hochberühmter Wissenschaftler und bald auch Nobelpreisträger, und seiner Kommilitonin und späteren ersten Frau, der Serbin Mileva Marić (1875–1948).

Seit ein paar Jahren kann man die Studentenliebe nachlesen – in 54 authentischen Briefen aus der Zeit um die Jahrhundertwende. Die Briefe-Sammlung schließt eine biographische Lücke, mit der sich bisher alle, die mehr über die Studentenjahre des großen Gelehrten wissen wollten, abfinden mußten. Aber auch für das breite Publikum sind die Briefe von Interesse, weil es hier um etwas geht, was für den Normalverbraucher leichter als Einsteins Relativitätstheorie zu verstehen ist, nämlich jugendliche Verliebtheit und Euphorie, Zukunftsseligkeit und Ungeduld, dazu studentische Alltagssorgen und private Nöte, Konflikte mit Professoren und Eltern, Geldmangel, Examensängste, Stellensuche, eine ungewollte Schwangerschaft und immer wieder den Wunsch nach enger Gemeinsamkeit, auch bei der intellektuellen Arbeit. So beschwor der 21jährige Doktorand am 28. Dezember 1901 seine Liebste eindringlich: „Bis Du mein liebes Weiberl bist, wollen wir recht eifrig zusammen wissenschaftlich arbeiten, daß wir keine alten Philistersleut werden, gellst. Meine Schwester kam mir so

Mileva Marić (1875–1948) und Albert Einstein (1879–1955)

philiströs vor. Das darfst Du mir ja nie werden, es wär mir schrecklich."

Nicht nur über Albert Einstein, auch über Mileva Marić gibt es in dieser Korrespondenz Neues zu erfahren. Allerdings stammen von der jungen Frau in der vorliegenden Sammlung nur 11 Briefe. Ihr Albert hat die ihren wohl weniger sorgsam gehütet als sie die seinen. Die junge Serbin aus der Vojvodina, dem damaligen Südungarn und heutigen Jugoslawien, begann 1896 an der Universität Zürich ein Medizin-Studium und wechselte im Jahr darauf ans Polytechnikum in die Physik über. Sie war eine der allerersten Frauen in diesem Fach.

Zweifellos muß Mileva Marić ein außergewöhnliches Mädchen gewesen sein. Denn sie strebte eine akademische Ausbildung an, obwohl weder ihre Familie noch das Bildungssystem sie dazu ermutigten. Da Frauen damals noch nicht in Österreich-Ungarn und auch nicht im Deutschen Reich zum Studium zugelassen waren, mußte sie in die Schweiz gehen, dem europäischen Vorposten des Frauenstudiums. Vier Jahre studierte Mileva Marić in Zürich

Physik mit dem Ziel, Fachlehrerin zu werden, scheiterte allerdings bei der Diplom-Prüfung. Veröffentlicht hat sie nichts, und sie selbst hat nie den Anspruch erhoben, einen Beitrag zur Forschung geleistet zu haben.

Trotzdem wächst Mileva Marić seit einigen Jahren der Ruhm zu, sie habe Überragendes vollbracht oder sei zumindest entscheidend daran beteiligt gewesen, wofür bislang nur ihrem Mann Ehre zuteil geworden ist. Ein ursprünglich nationalistisch motivierter Versuch der Revision der Physikgeschichte ist vom Lager der Feministinnen begeistert aufgenommen worden. Sie behaupten heute, Albert Einsteins grandiose Ideen stammten nicht von ihm allein. Die Relativitätstheorie habe weniger einen Vater als eine Mutter, und die sei Einsteins Kollegin und spätere erste Frau gewesen. Zum Beweis dafür dient ein von der Serbin Desanka Trbuhović-Gjurić geschriebenes Buch über „Das tragische Leben der Mileva Einstein-Marić".

Die vor einigen Jahren verstorbene Autorin machte darin Mileva Marić nicht nur zu Einsteins wissenschaftlichem Ratgeber, Obergutachter und mathematischem Vorarbeiter. Sie schrieb allen Ernstes, daß letztlich Mileva die 1905 publizierten Arbeiten Einsteins und damit die wissenschaftliche Leistung für den Nobelpreis zu danken sei. Der Verfasserin ging es dabei nicht so sehr um einen weiblichen als vor allem um einen serbischen Anteil an der Relativitätstheorie. Denn sie betonte: „... wir können nicht umhin, stolz darauf zu sein, daß an ihrem Entstehen und an ihrer Redaktion unsere große Serbin Mileva Marić beteiligt war."

Der Packen Liebesbriefe, der fast ein Jahrhundert lang unbekannt blieb und bis 1986 verschlossen in einem Safe in Kalifornien lag, ist auch in dieser Hinsicht ein Glücksfall: Das Konvolut bringt Licht in das Dunkel der gemeinsamen Studienzeit von Albert Einstein und Mileva Marić – in ihr Liebes- und auch in ihr Arbeitsleben. Deutlicher als alle anderen Quellen zeigt dabei der Briefwechsel, daß die Behauptung, Einsteins Frau habe ihm entscheidend bei seinen Forschungen geholfen, aller Grundlage entbehrt. Mileva hatte offensichtlich weniger die Physik als ihren Kommilitonen Albert und die Freuden und Nöte ihres studentischen Alltags im Kopf. Die „Relativbewegung" und die vielen anderen physikalischen Probleme, von denen ihr der Freund unentwegt schreibt, lassen sie anscheinend kalt – sie reagiert überhaupt nicht darauf.

Der junge Einstein dagegen offenbart sich in seinen 43 erhaltenen Briefen als ein mehr von der Physik als von der Liebe Besessener. Besonders die abrupten Sprünge zwischen Worten zärtlichster Privatheit und physikalischen Themen zeigen seine charakteristische Monomanie: Zweifellos war er schon in jungen Jahren ein Mann mit breitestem wissenschaftlichen Interessenspektrum, dabei von beträchtlichem Selbstbewußtsein bis hin zur Arroganz.

Nicht zuletzt Einsteins Briefe an Mileva verdeutlichen in einzigartiger Weise das Zusammenspiel von geistigen und emotionalen Kräften, das kurz darauf seine bahnbrechenden Leistungen in seinem Wunderjahr, dem „annus mirabilis" 1905, möglich machte. Die Veröffentlichung der drei fundamentalen Beiträge Einsteins auf drei verschiedenen Gebieten der Physik im Jahr 1905 wurde zum einzigartigen Ereignis in der Geschichte der Wissenschaft. In diesem Jahr veränderte ein junger Mann von sechsundzwanzig Jahren für immer das geltende physikalische Weltbild.

Den Auftakt bildete im März eine Studie „Über einen die Erzeugung und Umwandlung des Lichtes betreffenden heuristischen Gesichtspunkt", hinter deren barock-umständlichem Titel sich die Hypothese der Lichtquanten verbirgt – die einzige seiner Arbeiten, die Einstein selbst als „revolutionär" bezeichnet hat, als „sehr revolutionär" sogar, und die ihm 1922 den Nobelpreis eintrug. Im April beendete er seine Doktorarbeit, noch heute ein Klassiker der Statistischen Physik. Damit in engem Zusammenhang stehend, war siebzehn Tage später die Theorie der Brownschen Bewegung vollendet, ein Meilenstein in der kinetischen Theorie der Materie. Ende Juni folgte dann der Höhepunkt – eine Betrachtung „Zur Elektrodynamik bewegter Körper", die später – nicht von Einstein selbst, sondern von anderen – „Relativitätstheorie" genannt wurde und in der legendären Formel „$E = m \cdot c^2$" demonstrierte, wie abstrakte Theorie in der Atombombe zu tödlicher Gewalt wurde.

Aus den Briefen wird nicht nur Einsteins intellektuelle, sondern auch seine emotionale Entwicklung in den Jahren 1897 bis 1903 deutlich. Seine Zeilen, in denen sich Liebesbeteuerungen aufs Kurioseste mit Wissenschaftlichem mischen, vermitteln dabei den Eindruck, daß es dem jungen Physiker bei seiner künftigen Frau vor allem auch auf die Fachkollegin ankam. Als er die Romanze mit Mileva begann, entschied er sich offenbar bewußt für eine Beziehung zu einer emotional und intellektuell erwachsenen Frau. Bei seiner neuen serbischen Freundin, deren selbstverständliche Unabhängigkeit und deren intellektuellen Ehrgeiz er bewunderte, suchte er vor allem geistige Kameradschaft. Er schätzte sich glücklich, daß er in Mileva eine „ebenbürtige Kreatur" gefunden hatte, „die gleich kräftig und selbständig ist wie ich selbst!" Denn: „Außer mit Dir bin ich mit allen allein."

Einsteins große Leidenschaft war die Physik, und deshalb handeln seine Liebesbriefe an Mileva auch vornehmlich von diesem spröden Fach. Alle seine bedeutenden Themen der späteren Jahre kommen bereits darin vor, darunter der „Lichtäther" und die „Relativbewegung". Mit allem überschüttet er seine Freundin und das durchgängig im Ton kollegialer Gleichberechtigung. Er freut sich „sehr auf unsere neuen Arbeiten" und rät Mileva, ihre Diplom-Arbeit zu einer Dissertation an der Universität auszubauen: „... wie stolz werde ich sein, wenn ich ein kleines Doktorlin zum Schatz habe und selbst noch ein ganz gewöhnlicher Mensch bin."

Die junge Frau allerdings bleibt merkwürdig blaß in den 11 von ihr erhaltenen Briefen. Anfangs scheinen ihre Zeilen durchaus selbstbewußt und in hohem Maße unabhängig. Spätestens ab 1901 jedoch ist davon nicht mehr viel übrig: Zu diesem Zeitpunkt ist Mileva zum zweiten Mal durchs Abschluß-Examen gefallen und kurz darauf Mutter von Einsteins unehelicher Tochter Lieserl.

Dieses Lieserl, in Milevas Heimat geboren und vermutlich später zur Adoption freigegeben, war beim Fund der Briefe im Jahre 1986 die eigentliche Sensation. Das Kind ist von seinen Eltern totgeschwiegen worden und hat nur in diesen Briefen eine flüchtige Spur hinterlassen. Mileva selbst scheint es nie verwunden zu haben, daß sie ihr erstes Kind verbergen und schließlich weggeben mußte. Sie verlor alles Interesse an der Physik und an einem eigenen Beruf.

Die verfügbaren Dokumente deuten darauf hin, daß sie ab 1902 für Albert Einstein nicht mehr die geistig-seelisch beeindruckende Partnerin war, in die er sich fünf Jahre zuvor in Zürich verliebt hatte. Dabei stand das bürgerliche Happy-end für die Studentenliebe noch aus. Denn 1902 bekam Albert Einstein nach langer

Stellensuche endlich einen Posten beim Schweizer Patentamt in Bern, und wenige Monate später im Januar 1903 wurde geheiratet. Der Bräutigam tat es allerdings eher aus Pflicht denn aus Liebe, wie er es Freunden gegenüber später dargestellt hat.

Nach der Tochter bekam das Paar noch zwei Söhne. Aber das Glück früherer Jahre verflog schnell. Während Einstein als Wissenschaftler enorme Aktivität entfaltete und die Physik bereicherte wie niemand zuvor und keiner nach ihm, erlosch Mileva an seiner Seite, wurde müde, krank und depressiv. 1913 nahm Einstein eine Professur in Berlin an und fand in seiner Kusine Elsa eine neue Liebes- und Lebenspartnerin. Mileva kehrte bald nach dem Umzug mit den beiden Kindern nach Zürich zurück. 1919 wurde die Ehe geschieden. Mileva blieb weder der Physiker noch die Physik.

Dabei hatte in jungen Jahren die Zukunft so ganz anders ausgesehen: Aus den Briefen, die Albert Einstein und Mileva Marić austauschten, entsteht das Bild von zwei jungen Leuten, die gänzlich voneinander hingerissen waren, nicht zuletzt wegen ihrer gemeinsamen Liebe zur Wissenschaft. Verblüffend allerdings wirkten von Anfang an ihre sehr gegensätzlichen Kommentare zu diesem Thema: Die von Einstein zeigten einen jungen Mann, der leidenschaftlich mit seinem Thema befaßt war und seiner Freundin ständig erzählte, welche alten und neuen Autoren er las. Und nicht nur das: Statt lediglich von den Fakten zu berichten, bewertete er seine Lektüre kritisch und fügte oft eigene Ideen hinzu. Noch war zwar kaum Genieverdächtiges an seinen Ausführungen. Doch was er schrieb, zeigt immer den originellen, phantasievollen Kopf. Mileva Marićs Kommentare zur Physik in ihrer frühen Korrespondenz mit Einstein verraten dagegen allenfalls die eifrige, hart arbeitende Studentin und gelegentlich auch ein gewisses literarisches Talent, aber keinerlei wissenschaftliche Originalität.

Dennoch gab es offenbar eine innige intellektuelle Gemeinschaft zwischen Einstein und Marić in ihren gemeinsamen Studententagen. Das scheint anfangs vor allem für Albert Einstein äußerst wichtig gewesen zu sein. Wie sehr, geht aus seinem Brief aus den Sommerferien 1899 hervor. Darin schrieb er: „Als ich das erste Mal im Helmholtz las, konnte ichs gar nicht begreifen, daß Sie nicht bei mir saßen & jetzt gehts mir nicht viel besser. Ich finde das Zusammenarbeiten sehr gut & heilsam & daneben weniger austrocknend."

Wenn er seine Ideen diskutierte, bat Einstein Marić manchmal um Hilfe und schickte sie in die Bibliothek. Aber seine Briefe zeigen, daß Milevas wichtigste Rolle für ihr gemeinsames geistiges Leben in diesen Jahren die eines Resonanzbodens für seine Gedanken war. Einstein hatte ein starkes Bedürfnis, seine Gedanken im Dialog mit anderen zu entwickeln und abzuklären. Zeitweise war Mileva die einzige Person, die ihm dafür zur Verfügung stand.

Wie Mileva Einsteins Ideen aufnahm, ist kaum bekannt, da viele seiner Briefe und noch mehr der ihren verloren gegangen sind. Immerhin gibt es ihre Antwort auf einen Brief, der seine originellsten Ideen enthält – die über die Elektrodynamik bewegter Körper in ihrer frühesten Erwähnung. Einstein befasste sich einen halben Brief lang damit. Milevas Dank ging auf alles ein, was er sonst in diesem Brief und in dem davor schrieb, auf Familienangelegenheiten, Ferien und Examensvorbereitung, nur nicht auf die Elektrodynamik bewegter Körper. Das war kein Zufall: Auch kein anderer ihrer 10 übrigen Briefe kommentierte irgendeine seiner wissenschaftlichen Ideen.

Bei ihren Unterhaltungen zu zweit war niemand dabei, aber später in den Berner Jahren bezeugten Freunde und Besucher Milevas Schweigsamkeit, wenn in privatem Kreis über Physik geredet wurde. Kurz nach seiner Heirat gründete Einstein in Bern seine gesellige Runde „Akademie Olympia" zur Pflege wissenschaftlicher Gespräche, die ihre Sitzungen oft bei ihm daheim abhielt. Maurice Solovine, einer der Teilnehmer, erinnerte sich später, daß „Mileva intelligent, ernst und aufmerksam zuhörte, aber sich niemals an den Diskussionen beteiligte."

Die Physik weckte in Einstein Begeisterung und Gefühle, und während der ersten Zeit ihrer Verbindung wollte er diese Emotionen unbedingt mit Mileva teilen. Zu manchen Zeitpunkten waren es für Mileva sicher die falschen Gefühle, zumindest in Einsteins Reihenfolge, so in dem Brief, den sie von ihm erhielt, kurz nachdem sie ihm ihre Schwangerschaft mitgeteilt hatte: „Eben las ich eine wunderschöne Abhandlung von Lenard über die Erzeugung von Kathodenstrahlen durch ultraviolettes Licht. Im Eindruck dieses schönen Stücks bin ich von solchem Glück erfüllt und solcher Lust, daß Du auch unbedingt etwas davon haben mußt. Sei nur guten Mutes, Liebe, und mach Dir keine Grillen, Ich verlasse Dich ja nicht und werde schon alles zum guten Ende bringen."

Auffallend viele von Einsteins wenigen Hinweise auf gemeinsame Arbeit mit Mileva finden sich in Briefen, die er in schwierigen Momenten ihrer Beziehung schrieb, mitten zwischen Beteuerungen seine Zuneigung und Liebe. So auch, als er an Mileva von „unserer Arbeit über Relativbewegung" schrieb. Die Passage aus seinem Brief von März 1901 diente zur Untermauerung der These, daß Marić Ko-Autorin bei Einsteins 1905 fertiggestellter Relativitätstheorie gewesen sei. Einstein schrieb den Passus nach seiner Abreise aus Zürich zu seinen Eltern, die sich – wie Mileva wußte – heftig gegen seine Verlobung mit ihr sträubten. Auch an dieser Stelle ist eine merkwürdige Mischung von Physik und Liebesschwüren zu lesen: „Du bist und bleibst mir ein Heiligtum, in das niemand dringen darf" schrieb er, „auch weiß ich, daß Du mich von allen am innigsten liebst und am besten verstehst. Auch versichere ich Dir, daß es hier niemand wagt noch wollte, was Schlimmes über Dich zu sagen. Wie glücklich und stolz werde ich sein, wenn wir beide unsere Arbeit über die Relativbewegung siegreich zuende geführt haben! Wenn ich so andre Leute sehe, da kommt mirs so recht, was an Dir ist." Einsteins Worte sind anrührend in ihrem emotionalen Ernst, aber sie geben auch den Schlüssel zur Erklärung von Milevas Beitrag zu „unserer Arbeit" – sie half ihm als Gegenüber und „alter ego", nicht konkret als Person. Zu ihr konnte er alle Ideen freimütig äußern, die er – isoliert von der Gemeinschaft der Physiker – einsam und allein entwickelte.

Aus Einsteins wichtigen Jahren 1903 bis 1905 existieren kaum Briefe, weil das Paar in Bern verheiratet zusammenlebte. Auch sonst gibt es keinen einzigen Hinweis darauf, daß Mileva in irgendeiner Form als Ehefrau eine Rolle bei Einsteins Arbeit in dieser bedeutsamen Phase gespielt hat. Einstein selbst hat darüber nie etwas verlauten lassen. Vor allem aber hat Mileva später in ihrer oft konfliktgeladenen Korrespondenz mit ihrem geschiedenen Ehemann nicht ein einziges Mal darauf hingewiesen, daß er irgendetwas in seiner Wissenschaft ihr zu verdanken gehabt hätte. Für freundschaftliche Unterstützung und wertvolle Hinweise bei seiner Relativitätstheorie hat Albert Einstein daher völlig zurecht nicht ihr, sondern dem „Freund und Kollegen M. Besso" gedankt.

Bleibt die Frage, warum bei den Einsteins die Chance zu gemeinsamer wissenschaftlicher Arbeit vertan worden ist, obwohl die Ausgangsbedingungen doch so günstig schienen. Konnte ein Physiker-Ehepaar zu Beginn dieses Jahrhunderts überhaupt erfolgreich unter dem Blick der Öffentlichkeit zusammenarbeiten? Zwei andere Paare lieferten den Beweis dafür – Maria und Pierre Curie sowie Tatyana und Paul Ehrenfest. Im Falle der Curies und der Ehrenfests ist der Anteil der Ehefrauen an der gemeinsamen Arbeit nicht zu übersehen, und zumindest Marie Curie verfolgte nach dem Tod ihres Ehemannes energisch ihre Karriere weiter. Mileva Marić dagegen bemühte sich weder vor noch nach der Trennung von Einstein um einen eigenen Beruf, obwohl das sicher möglich gewesen wäre.

Vermutlich fehlte es ihr schlichtweg an Mut und an Unterstützung. Angesichts der vielen Vorurteile und Hindernisse gegenüber dem Studium von Frauen, besonders in der Physik, besaß Mileva anfangs genügend Talent und Durchsetzungsvermögen und hatte auch genug familiäre und institutionelle Unterstützung, um erfolgreich eine akademische Karriere in Angriff zu nehmen. Sie schaffte es bis an den Rand eines Diploms am Polytechnikum und eigener wissenschaftlicher Arbeit – allein oder in Zusammenarbeit mit Einstein – und hätte bestimmt wenigstens an einer Schule als Physiklehrerin bestehen können. Was aber lief letztlich so schief?

Es sind wohl hauptsächlich drei Gründe, die Milevas eigenen Berufsweg und eine wissenschaftliche Kooperation mit ihrem Mann scheitern ließen. Zum einen waren Mileva Marićs Talente in der Physik eher bescheiden, so daß sie nicht wie etwa Marie Curie oder Lise Meitner die Aufmerksamkeit und die Bereitschaft gestandener Wissenschaftler, sie zu fördern, auf sich zog. Dann verlor sie im Studium ihr anfängliches Selbstvertrauen und ihren Mut, als sie immer mehr Probleme als Frau auf sich zukommen sah. Und schließlich versagte wohl auch Einstein als ihr Partner: Entgegen seinen früheren Beteuerungen unterließ er es nach der Heirat, sie zu einer eigenen, unabhängigen Karriere zu ermutigen oder sie in ernsthafte Zusammenarbeit einzubinden.

So schaffte Mileva Marić nie den Sprung von der Physikstudentin zur eigenverantwortlich arbeitenden Forscherin. Es gibt keine Hinweise auf irgendwelche originellen Ideen von ihr, und ihre

Kommentare zu den Gedanken anderer Forscher waren absolut unkritisch. Daß sie neben Einstein allenfalls physikalische Handlangerdienste verrichtete, überrascht andererseits wenig: Auch die meisten anderen Physiker, ob weiblich oder männlich, hätten neben diesem Mann nur eine untergeordnete Rolle gespielt. Er war einfach zu exzeptionell und vermutlich auch zu sehr mit sich selbst beschäftigt.

Bei Mileva kam erschwerend hinzu, daß sie in einer Zeit lebte, in der die Rolle der Frau noch streng forderte, im Zweifelsfalle das intellektuelle dem emotionalen Leben unterzuordnen. Milevas Briefe zeigen, wie scheu und verletztlich sie war und wie sehr sie jede Kritik fürchtete. Daß Einsteins Eltern sie ablehnten, muß ihr sehr zu schaffen gemacht haben. Ihre ungewollte Schwangerschaft und das Schicksal dieser vorehelichen Tochter haben offenbar eine verdeckte Depression in ihr gefördert. Vermutlich weil sie das Lieserl kurz nach der Geburt weggeben mußte, hing sie später um so mehr an ihrem älteren Sohn Hans Albert. Er wurde zu Beginn ihres zweiten Ehejahres geboren, und sie fand keine Möglichkeit, ihre Mutterrolle mit einer beruflichen Tätigkeit außer Hauses zu kombinieren.

Trotzdem hätte sie vielleicht mehr Interesse an der Physik behalten, wenn sie jemand dazu ermutigt hätte. Als verheirateter Frau blieb ihr damals nur der eigene Ehemann als wissenschaftlicher Mentor, so daß ihr wissenschaftliches Schicksal als Physikerin letztlich von Albert Einstein abhing. Der aber hatte seine studentischen Wunschträume von einer intellektuellen Gefährtenehe längst vergessen, als er selbst Karriere zu machen begann, und war es zufrieden, in „philiströser" Weise von Mileva als Hausfrau umsorgt zu werden: „Ich bin jetzt ein ehrenwert verheirateter Mann und führe ein nettes, bequemes Leben mit meiner Frau," schrieb er kurz nach seiner Heirat an seinen Freund Michele Besso. Und unbeschwert von irgendeinem Zweifel fuhr er fort: „Sie kümmert sich um alles, kocht gut und ist immer vergnügt." Aber dieses dauerte nicht mehr lange.

Clara Immerwahr und Fritz Haber

„Frau Haber hat sich vor zwei Wochen erschossen", schrieb Albert Einstein 1915 aus Berlin an Mileva Marić nach Zürich. Der Pazifist und Kriegsgegner Einstein enthielt sich jeden weiteren Kommentars. Für Mileva Marić muß die lakonische Mitteilung ein Schock gewesen sein: Ende 1913 hatte sie mit der Hilfe von Fritz Habers Frau tagelang nach einer passenden Wohnung gesucht, nachdem ihr Mann auf Habers Betreiben einen Ruf nach Berlin erhalten hatte und die Familie von Zürich umziehen wollte.

Clara Immerwahrs trauriger Tod war nicht nur bei den Einsteins Gesprächsstoff, sondern lief durch alle Gazetten. Vorangegangen war ein ungewöhnliches Leben, das noch heute eine Biographie wert scheint, besonders aus feministischer Sicht. Denn Clara Immerwahr (1870–1915) hat sich als eine der ersten Frauen in Deutschland erfolgreich an ein Studium gewagt und das noch dazu in einem naturwissenschaftlichen Fach. Sie hat im Jahre 1900 an der Universität Breslau in Physikalischer Chemie promoviert – zu einer Zeit also, da die meisten Professoren vom Frauenstudium nichts wissen wollten und institutionelle Regelungen fehlten. Erst acht Jahre später wurden Frauen in Preußen regulär zum Studium zugelassen.

Ein Jahr nach ihrer Promotion heiratete Clara Immerwahr ihren Fachkollegen Fritz Haber (1868–1934), den Mitbegründer der modernen Großforschung und späteren Nobelpreisträger, dem es gelang, Stickstoff aus der Luft zu gewinnen und damit eine unerschöpfliche Quelle für Düngemittel und Sprengstoff zu erschließen. Vergeblich versuchte Clara Immerwahr ihrem Mann in die Forschung zu folgen. Neben dem monomanen Haber verkümmerte sie und endete schließlich tragisch: Im Jahre 1915 hat sie sich mit der Dienstpistole ihres Mannes erschossen, kurz bevor Haber zum militärischen Einsatz von Giftgas an die Ostfront reiste.

Ein Motiv für diesen Selbstmord ist in der Öffentlichkeit nicht bekannt geworden. Was angeblich achtzig Jahre lang verschwiegen und vertuscht worden ist, meinte vor einigen Jahren die Frauenforschung enthüllen zu können. Clara Immerwahrs Freitod war danach nicht nur das Ende eines Ehe- und Familiendramas, sondern vor allem das politische Fanal einer verzweifelten Wissenschaftlerin gegen die menschenverachtende Giftgasentwicklung, die ihr Mann im 1. Weltkrieg betrieb. Vorangegangen seien lange Jahre der intellektuellen und emotionalen Entmündigung einer hochintelligenten Frau durch ihren präpotenten Ehemann, den berühmten Chemiker Fritz Haber, der ihr Leben zugrunde richtete.

Stoff genug also für eine dramatische Lebensgeschichte vor dem Hintergrund des wilhelminischen Kaiserreiches, seines nationalistischen Zeitgeistes und seines militärisch-patriarchalischen Selbstverständnisses. Für ein Porträt der wahren Clara Immerwahr bräuchte es allerdings mehr als lediglich äußere Daten und mündliche Überlieferung. Und das ist das Problem bei dieser Frau: Authentische Quellen gibt es kaum, bloß ein paar Photos aus der entfernteren Familie und einige offizielle Papiere, etwa Clara Immerwahrs Gesuch um Zulassung zur Doktorprüfung, ihre Dissertation, einen Zeitungsartikel über ihre Promotionsfeier, die Ankündigung eines Vortrags über Chemie und Physik im Haushalt bei einem Frauenbildungsverein und ihre Todesanzeige in der Vossischen Zeitung. Dazu eine belanglose, handgeschriebene Postkarte an eine Freundin kurz vor ihrem Tod, aber sonst keine vorweisbare Korrespondenz, keine Tagebücher, nicht einmal einen Abschiedsbrief an die Familie. Auch der Chemiker und Nobelpreisträger Richard Willstätter, der seine freundschaftlichen Beziehungen zu seinem Dahlemer Nachbarn Fritz Haber in aller Ausführlichkeit beschrieb, wußte offenbar nichts von Konflikten wegen des Gaskriegs zwischen den Eheleuten im Haus nebenan.

Unbeeindruckt von diesem Mangel wird Clara Immerwahr aus feministischer Sicht zur pazifistischen Heroin hochstilisiert und – obwohl es die Quellen nicht hergeben – Fritz Haber für ihren Selbstmord verantwortlich gemacht. Angeblich hat der Chemiker als skrupelloser Karrierist, monomaner Hypochonder und rücksichtsloser Patriarch seine Frau kaltblütig in den Tod getrieben. Zwar war unter den Mitarbeitern des Dahlemer Instituts bekannt, daß Habers Frau mit der Kampfgas-Entwicklung nicht einverstanden war. Auch ihre unglückliche Ehe war wohl Gesprächsthema und Gegenstand mündlicher Überlieferung. Verläßliche

Clara Immerwahr (1870–1915)

Belege aber gibt es nicht, und letztlich weiß niemand, warum sich Clara Immerwahr tatsächlich erschossen hat. Zu vermuten ist eine sehr viel komplexere Ursachenkonstellation. Dabei ist offenbar nicht einmal auszuschließen, daß Immerwahr am Abend ihres Selbstmords ihren Mann in einer verfänglichen Situation mit einer anderen Frau überrascht und deshalb zur Waffe gegriffen hat.

Haber selbst hat sich – soweit bekannt und erhalten – nur einmal und zwar in einem Brief von der Front am 12. Juni 1915 zu dem Freitod seiner Frau geäußert. Noch Wochen später scheint er tief bekümmert, denn er schreibt: „Sie hat das Leben nicht mehr ertragen und ist an dem Tag, an dem ich erneut nach Galizien ins Feld rücken mußte, morgens früh aus dem Leben gegangen ... Es ist ordentlich eine Wohltat für mich, wenn ich von Zeit zu Zeit ein paar Tage vorn bin, wo die Kugeln einschlagen ... Aber dann sitzt man wieder beim Generalkommando und ans Telefon gekettet und hört im Herzen die Worte, die die arme Frau dann und

Fritz Haber (1868–1934)

wann gesprochen hat und sieht zwischen Befehlen und Telegrammen in der Vision der Abspannung ihren Kopf auftauchen und leidet ..."

Der Tod seiner Frau scheint Fritz Haber also durchaus getroffen zu haben. Ganz so rüde im Umgang mit anderen Menschen kann dieser Mann nicht gewesen sein, auch wenn seine beiden Ehen scheiterten: Vielen, unter anderem Albert Einstein, war Haber nachweislich ein verläßlicher Freund. Zwei neuere Biographien, eine davon erst kürzlich erschienen, geben, auf umfangreiches Quellenmaterial gestützt, Auskunft über den Wissenschaftler und Menschen. Ihre vorsichtige Zurückhaltung und nüchterne Darstellungsweise wirken wohltuend, besonders wenn es um den privaten Fritz Haber geht.

Außer Frage steht danach, daß sich der Naturwissenschaftler die längste Zeit seines Lebens als strenger Preuße und Militarist aufführte. Als solcher fühlte sich der Berliner Gelehrte offenbar um so mehr, als der als Jude Geborene erst durch die Taufe zum Protestantismus und durch ebenso zähe wie erfolgreiche wissenschaftliche Arbeit trotz allem latenten Antisemitismus zu Aufstieg und Anerkennung in der wilhelminischen Gesellschaft fand. Folgerichtig stellte er gleich zu Beginn des Ersten Weltkrieges – getreu seinem Motto: „Im Frieden der Menschheit, im Krieg dem Vaterland" – das von ihm geleitete Kaiser-Wilhelm-Institut für Physikalische Chemie in Berlin-Dahlem auf militärisch wichtige Aufgaben um.

Dabei wäre Haber der Dank des Vaterlandes ohnehin gewiß gewesen. Noch in Friedenszeiten hatte er eine Leistung vollbracht, die für die deutsche Kriegsführung wichtiger wurde als alle Generalstabsplanung: Als Professor an der Technischen Hochschule in Karlsruhe war es dem Chemiker gelungen, Stickstoff aus der Luft zu gewinnen und damit eine unerschöpfliche Quelle für die Herstellung von Sprengstoff zu erschließen. Haber, der für seine Leistung 1918 den Nobelpreis für Chemie erhielt, trieb zudem die Hochdrucksynthese von Ammoniak zu einem für die Massenproduktion geeigneten Verfahren voran. Zusammen mit Carl Bosch von den Badischen Anilin- und Sodafabriken (BASF) in Ludwigshafen entwickelte er sie zur großindustriellen Technologie.

Als Haber 1907 mit seinen Arbeiten über die Ammoniak-Synthese begonnen hatte, war sein Ziel die Herstellung von Düngemitteln gewesen. Im Krieg hatte Salpeter noch einen anderen Verwendungszweck – es war Bestandteil von Sprengstoffen. Schon seit der Jahrhundertwende wurde die Erschöpfung natürlicher Salpetervorkommen in Chile befürchtet. Bald stellte sich heraus, daß der Generalstab nur für einen kurzen Krieg vorgesorgt hatte. Da die englische Flotte den Nachschub aus Chile empfindlich störte, hätten die deutschen Militärs im Laufe des Jahres 1915 wegen Mangel an Munition den Kampf einstellen müssen. Daß sie auch weiterhin schießen konnten, verdankten sie dem Haber-Bosch-Verfahren und dem Umstand, daß bereits Ende 1913 die erste Anlage für Ammoniak-Synthese in Betrieb gegangen war. Nach ihrem Vorbild wurden in den Kriegsjahren riesige Fabriken gebaut, die Salpeter und damit Munition bereitstellten.

Haber wußte sich auch sonst bei den Generälen nützlich zu machen: Im Geschwindverfahren entwickelte er Frostschutzmittel für Benzin, Dieselöl und Schmierstoffe, damit der Krieg auch im harten russischen Winter motorisiert vonstatten gehen konnte. Auf Initiative des Kriegsministeriums widmete er sich in seinem Dahlemer Labor schließlich der Frage, wie man statt mit Granaten den Feind mit chemischen Giften vernichten könnte. Dabei verfiel Haber auf Chlor: Dieser Stoff konnte von der chemischen Industrie leicht in großen Mengen hersgestellt und flüssig in Druckflaschen transportiert werden. Zudem war Chlor schwerer als Luft und konnte deshalb wie ein dicker Nebel durch die Schützengräben kriechen und dort seine tödliche Wirkung entwickeln.

Am 22. April 1915 eröffnete Fritz Haber den Krieg mit Giftgas: Unter seiner Aufsicht und Anleitung wurden auf einem sieben Kilometer langen Frontabschnitt bei Ypern in Belgien 168 Tonnen Chlor über französische Schützengräben geblasen. 5000 Soldaten starben, und 10 000 trugen fürchterliche Verätzungen der Atemwege und damit schwere gesundheitliche Schäden davon. Der Angriff von Ypern war ein Bruch der auch von den Deutschen unterzeichneten Haager Konvention von 1907, durch die erstickende Gase bei der Kriegsführung verboten waren.

Dieser Rechtsbruch allerdings scheint Haber nicht irritiert zu haben. Wichtiger war dem Professor seine Beförderung zum Hauptmann, über die er Tränen des Glücks vergossen haben soll. Er wurde Direktor einer Abteilung für chemische Kriegsführung im Kriegsministerium und gewann viele junge Wissenschaftler zur Mitarbeit, darunter auch Otto Hahn. In seinem Institut in Dahlem wurden neue und immer üblere Giftstoffe aus Senfgas und Phosgen entwickelt.

Habers brennender Ehrgeiz und sein leidenschaftlicher Patriotismus, der sich hauptsächlich im bedingungslosen Einsatz für den Gaskrieg offenbarte, machten ihn zu einem der umstrittensten Forscher des 20. Jahrhunderts. Seine geschickte Verbindung von Wissenschaft, Industrie, Militär und Politik wurde dabei zu einem Modell für die staatlich geförderte Großforschung der Zukunft. Der Einsatz des Kampfgases allerdings wirkte sich für seinen und Deutschlands Ruf verheerend aus. Trotz aller Anwürfe rechtfertigte Haber bis zu seinem Lebensende im Jahre 1934 den Einsatz von Giftgasen als eine humane Tat. Er behauptete, diese Strategie habe vor allem das psychologische Ziel gehabt, den Krieg abzukürzen.

Clara Immerwahrs vermeintliche Empörung über den Gaskrieg und die führende Rolle ihres Mannes dabei hätte schon eher mit Humanismus zu tun gehabt. Leider ist ihr Protest nicht zu erhärten. Es steht zu vermuten, daß Immerwahrs Opposition auch und vor allem Ausfluß ihrer Depressionen und Ängste, ihrer Überbelastung im Alltag, ihrer Furcht vor Krankheiten und ihrer unglücklichen Ehe war. So bleibt Fiktion, wenn ihr Selbstmord mit der Dienstwaffe ihres Mannes kurz nach dessen gefeierter Rückkehr aus Ypern als früher Protest gegen moderne Massenvernichtungsmittel dargestellt wird. Immerwahr als einsame Protagonistin verantwortungsbewußter, weiblich-lebenserhaltender Wissenschaft paßt dabei ganz ins feministische Wunschdenken unserer Zeit. Angesichts der Gloriole einer solchen Frau, die sich aus ihrer Verantwortung als Naturwissenschaftlerin gegen Krieg, Rüstung und gegen die anderen Bedrohungen der Grundlagen des menschlichen Lebens eingesetzt hat, wirkt das Gegenbild Fritz Habers als eines männlichen, verantwortungslosen, moralisch nicht gezügelten Vernichtungswissenschaftlers noch barbarischer.

Immerwahr contra Haber – nüchtern besehen war ihr Drama eine gescheiterte Ehe mit tragischem Ausgang und nicht ein langjähriger, leidenschaftlicher Dissens über Ethik in der Forschung. Daß in dieser Ehe neben dem privaten Glück auch die Chance für ein wissenschaftliches Miteinander des Paares vertan worden ist, steht auf einem anderen Blatt. Dabei waren die Ausgangsbedingungen für ein harmonisches Zusammenleben und Arbeiten selten günstig. Denn Clara Immerwahr brachte eine für ihre Generation höchst ungewöhnliche Mitgift ein, als sie Haber heiratete – ein Studium, erste eigene Publikationen sowie einen Doktorhut in Habers ureigenstem Fach, der physikalischen Chemie. Die Ehe von Immerwahr und Haber war damit ein klarer Fall von wissenschaftlicher Endogamie.

Nur ganz wenige Töchter aus gehobenem bürgerlichen, meist jüdischem oder jüdisch-assimilierten Milieu, wie Clara Immerwahr, bewiesen das immense Durchsetzungsvermögen, das in dieser Zeit dazu gehörte, das Abitur zu machen und dann ein Studium nicht nur zu beginnen, sondern auch erfolgreich abzuschließen. Bei Immerwahr hatte sich offenbar schon früh der Drang nach Unabhängigkeit gezeigt. Sie wurde 1870 als jüngste von drei Töchtern in der Nähe von Breslau geboren. Dort bewirtschaftete ihr Vater, ein promovierter jüdischer Chemiker, ein Gut. Wie der Vater und ihr ältester Bruder Paul wollte Clara aufs Gymnasium gehen und Naturwissenschaften studieren. Sie mußte sich auf die Höhere Töchterschule beschränken, weil es in Breslau kein Gymnasium für Mädchen gab. Danach blieb als Möglichkeit zur Weiterbildung nur der Besuch des Lehrerinnenseminars. Der Abschluß dort berechtigte zwar zum Unterricht an einer Mädchenschule, aber noch nicht zum Studium. Fürs Abitur war eine Sondergenehmigung nötig. Und selbst mit Abitur konnten sich Frauen um die Jahrhundertwende nicht einfach an der Uiversität einschreiben, sondern durften allenfalls als Gast Vorlesungen besuchen, und auch dazu war eine Menge Bürokratie nötig.

Trotz aller Hürden und Barrieren fand Clara Immerwahr offenbar auch an der Universität unbeirrt ihren Weg. In dem jungen Professor Richard Abegg, einem Physiko-Chemiker und Studienfreund ihres späteren Mannes, traf sie einen Dozenten, der sie vorbehaltlos förderte und unterstützte. Bei ihm promovierte sie im November 1900 mit der Note „magna cum laude". Das Thema ihrer Arbeit hieß: „Beiträge zur Löslichkeitsbestimmung schwerlöslicher Salze".

Bei der Promotionsfeier gab es viel Publikum und Lob für die frischgebackene Doktorin, die erste der Universität. Noch am gleichen Tag berichtete die Abendausgabe der Breslauer Zeitung über das Ereignis und schloß mit der Rede des Dekans der Philosophischen Fakultät bei der Feier. Der hatte seine Freude über die ungewöhnliche Gelehrsamkeit der jungen Frau bekundet, sich zugleich aber energisch dagegen verwehrt, daß weitere Frauen in die Universitäten strömten, statt „nach wie vor ihre schönste und heiligste Pflicht zu erfüllen, ein Hort der Familie zu sein."

Clara Immerwahr beherzigte diesen Spruch erstaunlich schnell, und ihre berufliche Karriere ging zuende, noch ehe sie recht begonnen hatte. Kurz nach ihrer Doktorprüfung traf die Einunddreißigjährige auf einem Wissenschaftler-Kongreß ihre einstige Tanzstundenliebe Fritz Haber wieder. Wenige Monate später heiratete sie ihn, hängte die Wissenschaft an den Nagel und war fortan vor allem Professorengattin, Hausfrau und Mutter. Ein häufig kränkelnder Sohn, Umzüge, Hausarbeit, Repräsentationspflichten und die Rücksichtnahme auf ihren Mann, der seine Karriere ehrgeizig vorantrieb, nahmen sie voll in Anspruch. Keinerlei Hinweise gibt es darauf, daß sich Clara Immerwahr neben der Ehe auch der Forschung gewidmet hätte, selbst wenn der Untertitel ihrer bisher einzigen Biographie „Leben für eine humane Wissenschaft" das suggeriert. Es ist nicht einmal belegt, ob Immerwahr überhaupt bei ihrer Heirat auf eine Forscherehe gehofft hat und mit ihrem Mann gemeinsam wissenschaftlich arbeiten und publizieren wollte, wie sie das seinerzeit mit ihrem Doktorvater Abegg getan hatte. Zu Beginn dieses Jahrhunderts hätte man selbst nach erfolgreichem Studium weitere akademische Gehversuche einer Frau, zumal einer verheirateten, als befremdlich empfunden.

In ihrer Karlsruher Zeit scheint Clara Immerwahr nach guter Ehefrauen-Manier bei den Manuskripten ihres Mannes Korrektur gelesen und Zeichnungen angefertigt zu haben. Im übrigen hat sie offenbar ein paar Vorträge an der Volkshochschule über „Chemie in Küche und Haushalt" für ein vorwiegend weibliches Publikum gehalten. Daß Immerwahr bei Habers Erfolgsbuch „Thermodynamik technischer Gasreaktionen" zugearbeitet haben soll, bleibt Spekulation, auch wenn Haber als Widmung in sein Vorwort geschrieben hat: „Meiner lieben Frau Clara Haber Dr. phil. zum Dank für stille Mitarbeit zugeeignet." Auf solche oder ähnliche Weise pflegen noch heute deutsche Professoren ihren geduldigen Ehefrauen zu danken, ohne damit gleich wirkliche Mitarbeit zu honorieren.

Das Eheleben hat Clara Immerwahr wohl bald als permanenten Frust empfunden. Kurz nachdem Haber im Jahre 1906 zum ordentlichen Professor ernannt wurde, mußte seine Frau zum erstenmal zur Erholung in ein Nervensanatorium nach Freiburg, vier Jahre später wurde ein zweiter Aufenthalt nötig. Wie niedergeschlagen Clara Immerwahr bereits zu diesem Zeitpunkt war, geht aus einem Brief an Richard Abegg hervor, in dem sie schrieb: „Was Fritz in diesen acht Jahren gewonnen hat, das – und mehr – habe ich verloren, und was von mir eben übrig ist, erfüllt mich selbst mit der tiefsten Unzufriedenheit. und wenn ich einen Teil des Minus-Facits auch áuf Nebenumstände und eine besondere Anlage meines Temperaments schieben muß, so ist der Hauptteil zweifellos auf Fritzens erdrückende Stellungnahme für seine Person im Haus und in der Ehe zu schieben, neben der einfach jede Natur, die nicht noch rücksichtsloser sich auf seine Kosten durchsetzt, zugrunde geht! Und das ist mit mir der Fall."

1911 wurde Fritz Haber zum ersten Direktor des neu gegründeten Kaiser-Wilhelm-Instituts für physikalische Chemie und Elektrochemie in Berlin ernannt. Seine Karriere erreichte damit einen Höhepunkt. Das beschwor neue Konflikte herauf. Was ihm nun offensichtlich fehlte, war eine Frau, die seinen wachsenden Ruhm genoß und die Honneurs zu machen verstand. Clara Immerwahrs schlichter Art entsprach das jedenfalls nicht. Sie geriet immer mehr ins Abseits und in die Isolation, bis sie am 2. Mai 1915 ihrem Leben demonstrativ ein Ende setzte. Einen Abschiedsbrief von ihr gibt es nicht, nicht einmal einen an ihren Mann. Offenbar hatte das Paar, das von seiner Herkunft, seinem Alter und seiner Ausbildung, seinen Interessen und seinen Gefühlen wie geschaffen füreinander schien, sich nicht nur im Laufe der Jahre völlig entfremdet, sondern am Schluß sogar die gemeinsame Sprache verloren.

# Gemeinsam für eine bessere Welt

Margaret Mead und Gregory Bateson

Margaret Mead (1901–1978) und Gregory Bateson (1904–1980) waren fünfzehn Jahre miteinander verheiratet (1935–1950) und arbeiteten ein knappes Jahrzehnt als Wissenschaftler zusammen – von ihrer ersten Begegnung 1932 bis zum Ausbruch des 2. Weltkrieges 1939, als sie ihre verschiedenen Nationalitäten an getrennte Orte und in unterschiedliche Aufgaben führte. Ihre Kooperation schloß Meads „Sex and Temperament in Three Primitive Societies" (1935), Batesons Studie „Naven" aus Neu-Guinea (1936) und ihr gemeinsam verfaßtes Buch „The Balinese Character" (1942) ein.

In der Nachkriegszeit und speziell in den fünfziger und sechziger Jahren avancierte Margaret Mead zur bekanntesten amerikanischen Anthropologin und zum kulturellen Guru. Entscheidend für ihren wissenschaftlichen Beitrag waren die insgesamt zehn Jahre, die sie der Feldforschung bei sieben Völkern der Südsee und bei den Omaha-Indianern gewidmet hat. Sie blieb ihr Leben lang bemüht, die psychologischen Erkenntnisse ihrer Zeit mit kulturanthropologischer Kleinarbeit zu verbinden und die Relevanz ihrer Ergebnisse aus kleinen pazifischen Gesellschaften auf die drängenden Fragen Amerikas und anderer westlicher Gesellschaften zu betonen. So sah sie als einen wichtigen Beitrag der Ethnologie die Beschäftigung mit dem kulturellen Wandel, dem Überleben der Menschheit und der Suche nach neuen Lebensformen. Im Krieg war sie in Großbritannien und in der Nachkriegszeit in den Vereinigten Staaten und im neu gebildeten Staat Israel, der Immigranten mit verschiedenem kulturellen Hintergrund aufnahm, als sozialpolitische Beraterin tätig. Sie behandelte auch für die breite Öffentlichkeit eine Fülle von Themen und kommentierte aus ihrem Erfahrungsbereich die Erziehung von Kindern und Jugendlichen, kulturelle Prägung, Sex und Ehe, die Stellung von Frauen in der Gesellschaft, Familie, Rasse und ethnische Minderheiten, Religion und Ethik, Alter und Tod und in späteren Jahren auch Überbevölkerung, Umweltprobleme sowie die atomare Bedrohung und Friedenspolitik.

Margaret Mead (1901-1978) und Gregory Bateson (1904-1980)

Daß für Margaret Mead die Sozialwissenschaft zum Brennpunkt ihres Interesses wurde, hängt ohne Zweifel mit dem elterlichen Einfluß zusammen. Der Vater war Universitätsprofessor für Finanzwissenschaften in Philadelphia. Die Mutter hatte Soziologie studiert und arbeitete zur Zeit von Margarets Geburt an ihrer Doktorarbeit. Margaret Mead fing schon früh an, ihre Umgebung systematisch zu beobachten. Bereits als kleines Mädchen studierte sie die wechselnden Arten von Laufspielen, sammelte verschiedene Abzählverse und registrierte die Art, wie man Grüße an Dritte auftrug, wie sich zwei Leute benahmen, wenn sie zufällig das gleiche Wort aussprachen, oder was ein Paar tat, das Hand-in-Hand ging und dann durch einen Laternenpfahl oder einen Baum getrennt wurde.

Trotzdem fand Margaret Mead nicht sofort zu ihrer eigentlichen Berufung. Sie wandte sich zunächst der englischen Literatur zu, dann der Psychologie und wechselte erst kurz vor ihrem Magisterexamen zur Ethnologie. Sie übte enormen Einfluß nicht nur auf die Anthropologie und die Sozialwissenschaften, sondern auch auf die ganze amerikanische Gesellschaft aus. Ihre Arbeitsresultate aus den Feldstudien in Samoa, Neuguinea und Bali waren nicht nur wichtige, bis dahin unbekannte Dokumentationen über exotische Kulturen, sondern dienten auch als Leitschnur für das Leben vieler Amerikaner in bezug auf Kindererziehung sowie private und öffentliche Lebensformen.

Margaret Mead hatte eigentlich Schriftstellerin werden wollen. Schon als junge Wissenschaftlerin hat sie begonnen, nicht nur spezialisierte Artikel und Bücher für Fachkollegen zu schreiben, sondern sich mit ihren Werken bewußt an ein breiteres Publikum zu wenden. Ihre populärsten Bücher haben Millionen-Auflagen erreicht und sind in viele Sprachen übersetzt worden. Insgesamt hat Mead 44 Bücher verfaßt, davon 18 als Mitautorin, und hunderte von Artikeln. In den letzten zwei Jahrzehnten ihres Lebens wurde Margaret Mead mehr und mehr zur öffentlichen Figur, die jede Gelegenheit wahrnahm, durch Radio, Fernsehen und die Presse ihre Einsichten, ihr Wissen und ihre Denkanstöße anderen Menschen mitzuteilen. Die öffentliche Anerkennung ihrer Leistungen schlug sich in 28 Ehrendoktortiteln und der posthumen Verleihung der Friedensmedaille durch den amerikanischen Präsidenten Jimmy Carter 1979 nieder.

Auch Gregory Bateson, Sohn des britischen Genetikers William Bateson aus Cambridge und von Haus aus Biologe, wurde auf seine Weise ein einflußreicher interdisziplinärer Sozialforscher, der Kommunikationsmuster von Menschen und Tieren untersuchte und sich dabei mit gleicher Verve Völkern in der Südsee, Schizophrenie-Kranken, Delphinen, Polypen und Ottern widmete. Bateson war der Überzeugung, daß Gefühle Mustern und einer inneren Logik folgen, und lehnte jede Trennung von Denken und Fühlen nachdrücklich ab. Sein schillernder wissenschaftlicher Werdegang führte ihn durch zahlreiche Disziplinen und in die namhaftesten amerikanischen Universitäten, Institute und Kliniken zwischen Harvard und Hawai.

Anfang der vierziger Jahre war er an den ersten Entwicklungen von Kybernetik und Informationstheorie in den USA beteiligt. Um 1950, als er sich der Psychiatrie und Verhaltensforschung zugewandt hatte, entwickelte er seine bekannte Theorie des „double bind", die bis heute als ebenso bekannter wie umstrittener Beitrag zum Verständnis der Schizophrenie gilt. In den sechziger Jahren spielte er eine führende Rolle in der studentischen Gegenkultur. Nach seinem Buch „Steps to an Ecology of Mind" 1972 wurde Bateson zur Kultfigur sowohl der Ökologiebewegung als auch der kalifornischen New-Age-Gruppen. Es gelang ihm, auf Kongressen und in Vorträgen an ein breites Publikum heranzutragen, was er über die Natur des Geistes und die Kreuz- und Querverbindungen zwischen allen Formen des Lebens sagen wollte. Seine Erkenntnistheorie faßte er 1979 kurz vor seinem Tod in „Mind and Nature" zusammen. Er ging darin von der Annahme aus, daß biologische Evolution und gedankliche Prozesse bzw. alles menschliche Lernen denselben formalen Regelmäßigkeiten oder verbindenden Mustern unterliegen. Das Buch entstand in Zusammenarbeit mit seiner Tochter Mary Catherine aus der Ehe mit Margaret Mead.

Margaret Mead war Batesons erste von insgesamt drei Ehefrauen. Sie beeinflußte in den dreißiger Jahren nachdrücklich seine Interessen als Wissenschaftler. In der relativ kurzen Periode ihres Zusammenlebens nutzten Mead und Bateson gemeinsam die Gelegenheit, von der westlichen Zivilisation unberührte Völker zu erforschen. Zugute kam ihnen dabei ihre unterschiedliche Ausbildung in der amerikanischen bzw. britischen Anthropologie: Mead verfügte über ein ausgefeiltes methodisches Instrumentarium, Bateson verstand sich auf theoretisches Denken. Aus den Stärken des Forschungspartners gewannen sie Sicherheit und kamen zu neuen, gemeinsamen Ansätzen. Ihre beiden Bücher über Stämme in Neuguinea spiegeln sowohl ihre verschiedene intellektuelle Tradition als auch ihre ständigen Diskussionen und die dadurch entstandenen Querverbindungen und Brückenschläge wieder.

Mead und Bateson begegneten sich 1932 am Sepik-Fluß in Neuguinea, als Mead zusammen mit ihrem zweiten Ehemann, dem Neuseeländer Reo Fortune, dort forschte. Fast ein Jahr lang arbeiteten und lebten die drei Anthropologen in einer ménage à trois – unter den klaustrophobischen Bedingungen eines kleinen Zeltes, in Moskitonetze gehüllt und immer wieder von intellektullen Höhenflügen berauscht und von Malariaanfällen geschüttelt. Am Ende tauchte das Trio mit drei verschiedenen Manuskripten aus dem Dschungel auf, jeder mit seinem ganz speziellen eigenen.

Mead brachte außerdem einen prospektiven dritten Ehemann mit, da sie ihr Interesse von Fortune ab- und Bateson zuwandte.

Beide – Mead und Bateson – beschrieben später ihre nachfolgende Heirat als äußerst nützlich für die Anthropologie, da beide ausgedehnte Feldarbeit in Bali planten. Margaret Mead hatte Erfahrung mit solchem Zusammenleben: Die Ehe mit Bateson war ihre dritte Heirat und die zweite mit einem Kollegen und noch dazu einem jüngeren. Ihre frühe, 1923 geschlossene Ehe mit dem Theologen Luther Cressmann nannte sie später eine „Studentenehe". Als sie von ihrer ersten Forschungsreise nach Samoa zurückkehrte, traf sie auf dem Schiff Reo Fortune. Sie lebte in dem Bewußtsein, niemals Kinder haben zu können, und heiratete Fortune 1928 in der Absicht, eine kinderlose, lebenslange Forschungsgemeinschaft zu begründen. Mit Fortune zusammen machte sie eine Forschungsreise zu den Manus auf die Admiralitätsinseln und dann nach nach Neu Guinea, wo sie Gregory Bateson begegnete, der bei den Iatmul arbeitete.

Mead und Bateson heirateten 1935 in Singapur auf dem Weg nach Bali. Ihre Heirat erleichterte beruflich und privat ihre geplante Feldforschung in diesem abgelegenen Teil der Welt. Letztlich war das gemeinsame Forschungsziel in Bali die Rechtfertigung für ihre Ehe. Von Anfang an gehörte dazu die leise Ahnung, daß die private Bindung die begrenzte Dauer der Feldarbeit nicht lange überleben könnte. Die Zeit auf der paradiesischen Insel aber scheint für das Forscherpaar alle Erwartungen übertroffen zu haben. Die Tochter berichtet später: Es waren „Jahre einer solchen Intensität, daß Margaret meinte, sie enthielten ein ganzes Leben, und als erste Nachkommen produzierten sie eine Familie von Büchern, an denen sie beide in unterschiedlicher Weise teilhatten."

Bei der gemeinsamen Feldarbeit in Bali vereinten sich aufs beste Batesons Interesse und Ausbildung als Biologe mit Meads sozialwissenschaftlichen Kenntnissen, ihren Erfahrungen in der Beobachtung von Kindern und ihrem Wissen um die dortige Kultur. Das Interesse des Forscherpaares galt vor allem der Interaktion zwischen Mutter und Kind. Mead und Bateson fanden in Bali heraus, daß Kleinkinder nicht nur auf den Gesichtsausdruck und auf die Stimme ihrer Mutter reagieren, sondern ebenso auf taktile Reize und Bewegungsabläufe im Verhalten der Mütter.

Die Bedingungen der Zusammenarbeit fügten die komplementären Fähigkeiten und Talente der beiden Anthropologen zueinander: Margaret Mead interpretierte ganzheitlich die beobachtbaren Details. Gregory Bateson konzentrierte sich auf die Wahrnehmung einer Vielzahl bruchstückhafter soziokultureller Aspekte (wie z.B. der Handbewegungen balinesischer Männer beim Beobachten von Hahnenkämpfen). Wie sehr sich auch Margaret Meads und Gregory Batesons intellektuelle Stile unterschieden, so war sich das Paar doch einig in seiner Begeisterung für das Erkennen und die Weitergabe von kulturellen Mustern und in seinem Bemühen, diese Muster sowohl in der biologischen wie auch in der sozialen Welt zu schützen.

Mead und Bateson verwendeten in Bali erstmals ausgiebig Photographie und Film, um beobachtetes Verhalten sichtbar festzuhalten. Sie machten einen quantitativen Sprung von den zwei- bis dreihundert Photos, mit deren Hilfe normalerweise in dieser Zeit ethnographische Studien illustriert wurden, hin zu 25 000 Fotos und 6 Filmen, die Verhaltensabläufe und Verhaltensmuster genau dokumentierten. Damit konnten sie deutlich aufzeigen, wie Kindererziehung und Kulturmuster übereinstimmen.

Noch heute gelten Meads und Batesons Aufnahmen als Klassiker der Visuellen Anthropologie. Das Buch, das aus ihrer gemeinsamen Arbeit entstand, hieß „The Balinese Charakter: A Photographic Analysis" und erschien 1942. Der Nachdruck auf der Sichtbarmachung war eine neue neutrale Basis, auf der sich Mead und Bateson begegnen und bisher unbekannte Einsichten teilen konnten, ohne die eigenen, tief verwurzelten beruflichen Traditionen zu verabschieden. Die Methode ethnographischer Photographie war für beide insofern eine Premiere, als sie jeden von ihnen beiden befähigte, seine eigene Stärke im Umgang mit Menschen und technischen Instrumenten zu beweisen und das in sich ergänzender, nicht konkurrierender Weise.

Bleibt die Frage, welche speziellen persönlichen und beruflichen Bedingungen die Zusammenarbeit von Mead und Bateson in den dreißiger Jahren unterstützten und welche später wieder zur Auflösung führten. Das Zusammensein während der Feldarbeit in Bali hatte den Anlaß für den Entschluß zu heiraten geschaffen. Ihre Ehe stand ganz eindeutig im Dienste der Anthropologie, wenn auch für jeden von ihnen auf etwas andere Weise.

Margaret Mead hat es später in ihrer Autobiographie so formuliert: „Ich war vierunddreißig und Gregory einunddreißig. Ich hatte ein ganzes Lebenswerk an abgeschlossener Arbeit hinter mir; Gregory hatte sein Lebenswerk noch vor sich. Wir sahen ungefähr gleich alt aus – etwas jünger als wir waren. Aber in vieler Hinsicht bestand ein ungeheurer Altersunterschied zwischen uns ... Darüber hinaus war die Intensität, die jeder von uns in die Forschungsarbeit einbrachte, ganz unterschiedlich. Aber Bali war genau das, was wir brauchten – für mich die perfekte intellektuelle und emotionale Arbeitspartnerschaft, in der es kein Gezerre gab, wie es sich aus konkurrierenden, temperamentbedingten Betrachtungsweisen der Welt ergeben konnte. Gregory bot Bali Material, das er bereits verstand, während er damit arbeitete, so daß er nicht warten mußte, bis seine Notizbücher voll waren, um zu merken, in welche Richtung sein Denken ihn führte."

Weit weg von ihrer jeweiligen gesellschaftlichen Umgebung teilten Mead und Bateson die Notwendigkeit, ihre Einsamkeit und Isolation sowie die Gefahr des persönlichen Identitätsverlustes in einer fremden Umgebung bekämpfen zu müssen. Gleichzeitig waren sie frei von den in ihren eigenen Gesellschaften vorgegebenen Geschlechterrollen und allen sonstigen Ansprüchen.

Bei der Rückkehr des Paares stellte sich das Problem, welchem kulturellen Code die beiden nun im Alltag folgen wollten. Mead kannte das Problem bereits aus ihrer zweiten Ehe, in der sie mit Reo Fortune aus Neuseeland verheiratet war: „Das ist die Strafe für Ehen von Partnern aus verschiedenen Ländern, selbst wenn man die Komplikationen, die durch die veränderten Rollen von Männern und Frauen entstanden sind, außer Acht läßt. In England erzogene Männer wollen Entscheidungen treffen, die in Amerika die Frauen fällen – wie das Haus eingerichtet werden soll, wo die Rosen auf der Terrasse angepflanzt werden sollen und wohin die Ferienreise geht."

Komplizierter wurde die Situation noch durch die Geburt der gemeinsamen Tochter. Mead und Bateson fanden für ihr Zusammenleben jenseits der Feldarbeit letztlich keinen gemeinsamen Nenner und keine Balance, und so wurde die Beziehung, die sie in Neu Guinea begonnen und in Bali bekräftigt hatten, empfindlich gestört. Nach den Jahren kriegsbedingter Trennung kam das definitive Ende. 1947 verließ Gregory Bateson endgültig die gemeinsame New Yorker Wohnung und zog mit einer Tänzerin zusammen. 1950 wurden Mead und Bateson geschieden, verloren sich allerdings nie ganz aus den Augen, sondern blieben einander wissenschaftlich und als Freunde verbunden.

Margaret Mead war nicht nur ein tatkräftiger, zur Dominanz neigender Charakter, sondern beruflich arriviert und in ihrem Fach eine Berühmtheit, als sie 1932 Gregory Bateson in Neuguinea kennenlernte. Seit 1926 hatte sie eine feste Anstellung am American Museum of Natural History in New York, zuerst als Assistentin, dann als Konservatorin. Sie war für die Pazifik-Abteilung zuständig. Ihr legendäres Arbeitszimmer ganz oben in einem der Museumstürme blieb zweiundfünfzig Jahre lang bis zu ihrem Tod der Ort, an den sie immer wieder zurückkehrte. Ihre wissenschaftliche Prominenz und ihre wachsende Popularität nach dem 2. Weltkrieg haben vermutlich zu der Entfremdung mit dem drei Jahre jüngeren, damals noch weithin unbekannten Bateson beigetragen. Die Belastung dieser Ehe durch das Mißverhältnis in der Entwicklung der Karrieren der beiden Partner wurde deutlich an Batesons späteren Verbindungen mit jüngeren Frauen, die keine berufliche Ambitionen hatten. Die Scheidung und Batesons neue Ehen hinderten Margaret Mead nicht, ihren Ex-Mann noch lange Jahre mit Empfehlungsschreiben bei seinen Bemühungen um berufliches Fortkommen zu unterstützen.

Bateson war Meads letzter Ehemann. Sie plante eine vierte Heirat – mit Geoffrey Gorer, einem britischen Anthropologen. Aber diese Ehe, die gleichfalls auf wissenschaftliche Endogamie und Anglophilie angelegt war, kam nicht zustande. Im Laufe ihres Lebens war sie mit vielen Männern und Frauen innig verbunden. Den privaten Teil ihres Lebens suchte sie allerdings stets mit Verschwiegenheit zu umgeben. Das galt bei aller theoretischen Offenheit auch für ihre gleichgeschlechtlichen Neigungen und ihr langjähriges Verhältnis zu der Anthropologin Ruth Benedict, die Assistentin bei ihrem Doktorvater Franz Boas gewesen war.

Öffentlich machte Margaret Mead dagegen die Aufzucht ihres einzigen Kindes, der Tochter Mary Catherine aus ihrer Ehe mit Gregory Bateson. Mary Bateson, die später in die Fußstapfen ihrer Eltern trat und ebenfalls Anthropologin wurde, hat über ihre Eltern ein Buch veröffentlicht und dabei die beiden berühmten

Wissenschaftler als ein sehr menschliches Paar geschildert. „Man konnte sie nicht zusammen sehen, ohne an Kontraste zu denken," schreibt sie „und das gleiche scharfe Gefühl der Dissonanz überfällt mich, wenn ich alte Fotografien betrachte oder mir Erinnerungen wieder ins Gedächtnis rufe. Am auffälligsten waren die Unterschiede in Größe und in ihren Bewegungsstilen und -rhythmen. Meine Mutter, knapp 1,50 m groß, war kompakt und sparsam in ihren Bewegungen, sammelte alles, was sie brauchte, effizient um sich herum, die Arme vom Ellenbogen aus ausstreckend statt von der Schulter her. Gregory, 1,93 m groß, hatte einen Großteil seiner Jugend damit verbracht, seine Länge unter hängenden Schultern zu verbergen, und wußte nie so richtig wohin mit seinen langen Gliedern ... Margaret bewegte sich geschwind und zielsicher durch den Tag, fast so, als folge sie einem Plan, auf dem jede Aktivität eingezeichnet war. Sie schien unermüdlich, verschwendete aber auch niemals Energie ... In Gregorys Tag gab es immer Aufschub und Momente, in denen er in Schweigen versank, für kurze Zeit ziellos war, bevor seine ganze Länge für die nächste Aktivität in Bewegung gebracht werden konnte."

Mary Catherine Batesons Kindheit wurde zur bestbeobachteten und -dokumentierten in ganz Amerika. Beide Anthropologen-Eltern machten unaufhörlich Notizen und photographierten pausenlos ihr „nicht-balinesisches" Kind. Es muß für die Tochter ein eigenartiges Leben gewesen sein: „Zu einem Zeitpunkt planten sie, in jedem Zimmer der Wohnung Strahler aufzustellen, um jedes interessante Stückchen Babyverhalten sofort aufnehmen zu können. Meine frühen Erinnerungen an meinen Vater schließen immer die um seinen Hals baumelnde Leica ein. Da Gregory nicht da war, als ich geboren wurde, ließ meine Mutter jemand anderen meine Geburt filmen, für die damalige Zeit eine unerhörte Begebenheit. Margaret glaubte, daß ein Baby in der Stunde nach der Geburt deutlicher es selbst sei als in den nächsten Tagen oder Monaten, wenn die Umwelt immer stärkere Prägungen hinterläßt."

Margaret Mead wandte bei der Aufzucht der eigenen Tochter Einsichten an, die sie bei anderen Kulturen gewonnen hatte. So stillte und fütterte sie ihr Kind auf Verlangen und nicht nach der Uhr und nahm es hoch, wenn es weinte. Diese Praktiken verbreiteten sich rasch, als sie Meads Kinderarzt Dr. Benjamin Spock in einem Buch empfahl, das zum populären Standardwerk amerikanischer Kinderpflege avancierte. Später – als alleinerziehende Mutter – kam Margaret Mead zu Formen der Kinderbetreuung, die heutige Tendenzen bei alleinstehenden, berufstätigen Eltern vorwegnahmen, indem sie sich mit Freunden und Kollegen in familienähnlichen Arrangements zusammentat. So wuchs ihre Tochter als Teil einer flexiblen Großfamilie mit Kindern aller Altersgruppen auf. Von Anfang an sorgte die Mutter dabei für die Kontinuität des Ortes oder der Person, wenn sie sich von ihrer Tochter trennte – sie ließ sie niemals mit einem fremden Menschen in einem fremden Haus.

Die kurze, aber intensive Gemeinschaft von Margaret Mead und Gregory Bateson basierte auf den speziellen Bedingungen beruflicher Interessen und Konstellationen, die bestimmte Muster der Zusammenarbeit und des Zusammenlebens für beide Partner unausweichlich attraktiv machten. Der Innovationsschub, der von diesem Arrangement ausging, gilt besonders Feministinnen nach wie vor als bleibende Quelle der Inspiration für Paare, die ihre Geschlechterrollen in Beruf und Familie flexibler ausfüllen wollen.

Welche psychischen und intellektuellen Energien das Wissenschaftlerpaar Margaret Mead und Gregory Bateson auch 25 Jahre nach seiner Trennung am Ende des Lebens noch füreinander bereithielt, schildert die Tochter auf anrührende Weise: „Für den Sommer 1978 organisierte Margaret in Chautauqua einen Kongreß über die Zukunft, der Gregory und mich zum ersten und einzigen Mal als Kollegen mit ihr zusammenbringen sollte, zusammen mit einigen anderen, die sie ausgewählt hatte. Jeder von uns hielt einen öffentlichen Vortrag, und während ich in einem riesigen Auditorium über Aufmerksamkeit und Beobachtung sprach, saßen Margaret und Gregory wie alte, endlich versöhnte Liebende beieinander."

Alva und Gunnar Myrdal

Ein Gemeinschaftswerk am Anfang ihrer Karriere wurde richtungsweisend für die Sozialpolitik im 20. Jahrhundert: In ihrer Studie „Die Krise in der Bevölkerungsfrage" definierten die schwedische Sozialwissenschaftlerin Alva Myrdal (1902–1986) und ihr Mann, der Wirtschaftswissenschaftler Gunnar Myrdal (1898–1987), im Jahre 1934 die Grundparameter für das Modell des schwedischen Wohlfahrtsstaates. Das Buch war der Auftakt zu einer langen, erfolgreichen wissenschaftlichen und politischen Zusammenarbeit des Paares in allen bewegenden Fragen in der Mitte des 20. Jahrhunderts – von der Frauenemanzipation über die Rassendiskriminierung und die Armut in der Welt bis hin zur nuklearen Abrüstung und Friedenspolitik.

Ihre gemeinsamen wissenschaftlichen und politischen Interessen und Aktivitäten führten die Myrdals in höchste nationale und internationale Ämter, wo beide unabhängig voneinander in den fünfziger, sechziger und siebziger Jahren eigene Ziele in der Friedens- und Entwicklungspolitik verfolgten. Alva Myrdal war in New York und Paris in der UNO und der UNESCO tätig, ging als schwedische Botschafterin nach Indien, Birma und Ceylon und wurde Chefdelegierte bei der Genfer Abrüstungskonferenz sowie schwedischer Minister für Abrüstungsfragen. Gunnar Myrdal war Universitätsprofessor in Stockholm, schwedischer Handelsminister, Leiter der Europäischen Kommission sowie Präsident des Stockholmer Instituts für Friedensforschung.

Als einziges Ehepaar wurden Alva und Gunnar Myrdal mit Nobelpreisen in unterschiedlichen Sparten ausgezeichnet – Gunnar Myrdal 1974 mit dem Nobelpreis für Wirtschaftswissenschaften, Alva Myrdal 1984 mit dem Friedensnobelpreis.

Alva und Gunnar Myrdal lernten sich kennen und lieben, als sie noch Schülerin und er Abiturient war. Beide studierten später gemeinsam in Stockholm. Gunnars Wechsel vom Jurastudium zur Nationalökonomie war Alvas Werk. Sie selbst kam über Nordistik, Literatur- und Religionswissenschaften zu Soziologie und Psychologie.

Das Paar heiratete 1924, beide noch relativ jung und besessen von dem Wunsch, eine in ihren Augen verbesserungsbedürftige Welt zu reformieren. Von Anfang an wehrten sich die Myrdals gegen das überkommene Muster getrennter Lebens- und Arbeitsbereiche von Mann und Frau in der Ehe. 25 Jahre lang setzten sie alles daran, miteinander zu reisen, zu forschen und ihre Ideen zu verwirklichen, auch als ihre drei Kinder geboren wurden – Jan 1927, Sissela 1934 und Kaj 1936. Auf die Phase intensiver Gefährtenschaft folgte vom Ende der vierziger Jahre ab eine Pendlerehe. Später gab es ausgedehnte Zeiten räumlicher und emotionaler Trennung, Die Dialoge aus den ersten Jugendjahren hörten aber nie auf. „Es gibt keinen anderen Menschen auf der Welt, mit dem sich solche ‚talk feasts' feiern lassen," schwärmte Alva Myrdal einmal von ihrem Mann zu ihrer erwachsenen Tochter Kaj. Die letzten Jahre waren für das Paar bitter: Von Krankheit im Alter schwer getroffen, siechten sie in getrennten Pflegeheimen dahin, bis sie im Abstand von einem Jahr starben.

Ihr früher Ruhm nach dem Erscheinen ihres gemeinsamen Buches über „Die Krise in der Bevölkerungsfrage" machte Alva und Gunnar Myrdal zu schwedischen Ikonen und zum populären Vorbild für viele ihrer Landsleute. Das Paar zeigte auch äußerlich, für welche Ideen es einstand. So zogen die Myrdals 1936 in ein Modellhaus ein, das Alva auf der Grundlage ihrer sozialreformerischen Gedanken für das Leben und Arbeiten in der modernen Familie entworfen hatte. Bereits in ihrer allerersten Publikation 1932 hatte sie über familienfreundlichen Wohnungsbau geschrieben.

Der Bau in Äppelviken bei Stockholm setzte ihre Ideen für die eigene Familie in die Tat um. Im Parterre waren Wohnräume und vor allem Räume für die Kinder und ihre Betreuer. Im Stockwerk darüber teilten sich die Eheleute ein weitläufiges Arbeitszimmer mit einem großen Zwillingsarbeitstisch, an dem sie sich gegenüber saßen. Im oberen Stockwerk befanden sich ein Privatarchiv und ein Schlafzimmer, das sich durch eine Schiebewand mitten durch den Raum und mitten durch das Doppelbett in zwei Einzelräume mit zwei separaten Lagerstätten trennen ließ und damit gleichermaßen Intimität und Distanz bot.

Gunnar Myrdal (1898–1987)

Das Haus mit seiner ungewöhnlichen Architektur wurde zum Wallfahrtsort schwedischer Paare. Alle waren begierig darauf, das Heim der Eheleute zu sehen, die nicht nur gemeinsam Kinder großzogen, sondern auch zusammen radikale Bücher über neue Formen familiären Zusammenlebens verfaßten. Das Myrdalsche Gemeinschaftswerk „Die Krise in der Bevölkerungsfrage" hatte viel Aufmerksamkeit auf sich gezogen und wurde noch populärer, als das Paar kurz nach dem Erscheinen des Buches ein zweites gemeinsames Kind in die Welt setzte.

In den dreißiger Jahren war der Bevölkerungsrückgang ein explosives Thema in Schweden. Die Konservativen beklagten schon seit langem die niedrigen Geburtenraten und die zurückgehende Bevölkerung, um Gesetze gegen die Geburtenkontrolle durchzusetzen und Druck auf Frauen auszuüben, keiner außerhäuslichen Arbeit nachzugehen, und um nationalistische Ängste vor Einwanderern zu schüren. Schwedens Sozialdemokraten setzten sich

Alva Myrdal (1902–1986)

dagegen zur Wehr. Die Gedanken von Alva und Gunnar Myrdal über die Bevölkerungsprobleme in ihrer Heimat wurden zur Grundlage schwedischer Sozialpolitik, mit der sich das skandinavische Land zum Pionier in der Entwicklung des demokratischen Wohlfahrtsstaates machte. Die Myrdals hatten mit Nachdruck darauf verwiesen, daß Schweden als Nation nur überleben könne, wenn der Staat hochsensiblen Fragen wie der Fruchtbarkeit und Sexualität der Bevölkerung, der Familienplanung, der Wohnungsfrage, den Löhnen, der Kinderbetreuung und sozialen Hilfen mehr Aufmerksamkeit und Raum gäbe. Sie plädierten für wirtschaftliche Planung, Vollbeschäftigung, Einkommensumverteilung und eine Neustrukturierung der Familie auf der Grundlage von Geschlechtergleichheit und verstärkter sozialer Verantwortung. Ihre düstere Prophezeihung: Wenn nicht soziale und politische Reformen die Schweden ermutigten und in die Lage versetzten, mehr Kinder zu haben, dann würde das Schrumpfen der Bevölkerung zu einer Krise führen, die möglicherweise die Nation auslöschte.

Die Studie der Myrdals mischte auf ungewöhnliche Weise makroökonomische und demographische Daten mit Einsichten aus der Vorschulpädagogik, Jugendfürsorge und Arbeiterbewegung. Das hatte damit zu tun, das jeder von den beiden Myrdals seine eigenen Kenntnisse und Erfahrungen in das Buch einbrachte – Alva aus ihrem Studium der Psychologie und ihrer praktischen Tätigkeit in Arbeitsgruppen, Vereinen und Verbänden, Gunnar aus Theorie und Praxis der Wirtschaftswissenschaften in Hochschule und Politik. Zusammen kamen sie auf Argumente, die keiner von ihnen allein so formuliert hätte.

Die intellektuelle Symbiose war nur eine Seite ihres Daseins. Denn die Myrdals suchten in ihrem eigenen Leben zu praktizieren, was sie in der „Krise der Bevölkerungsfrage" predigten. Obwohl es wahrscheinlich nur ein Zufall war, daß ihr zweites Kind genau einen Monat nach dem Erscheinen des Buches geboren wurde, sah die Öffentlichkeit das zeitliche Zusammentreffen als gewollten Hinweis an. Zwar wurde Alva zunächst wegen ihrer ausgiebigen Lesereise für das Buch so bald nach der Geburt des Babys getadelt. Kurz darauf aber rühmte man die Myrdals für ihren persönlichen Einsatz, dem schwedischen Bevölkerungsrückgang aus eigenen Kräften Einhalt zu gebieten.

Durch ihre Ehe fand vor allem Alva Myrdal Zugang zu Forschungsmöglichkeiten, die ihr allein verschlossen geblieben wären. Ihr Mann erhielt bereits 1933 einen Lehrstuhl für Nationalökonomie an der Universität Stockholm, während Alvas einziger formaler Hochschulabschluß ein Magister in Soziologie blieb. Ihre Doktorarbeit in Psychologie beendete sie nie. Sie kompensierte allerdings ihren Mangel an höheren Examina durch praktische Erfahrungen in Erziehungeinrichungen, wo ihr Abschluß in Soziologie ausreichte.

Erst die Praxis gemeinsamer Auslandsaufenthalte machte jedoch aus der begleitenden Ehefrau eine erfahrene Mitarbeiterin und selbständige Wissenschaftlerin. Großen Einfluß hatte die Reise in die USA in der Zeit von 1930 bis 1931, die für beide Eheleute durch Stipendien von der sozialwissenschaftlichen Abteilung der Rockefeller Foundation finanziert wurde. Sie brachte die Myrdals in Kontakt mit anderen Forscherpaaren, so den prominenten amerikanischen Soziologen Dorothy Swaine Thomas und William J. Thomas. Vor allem Dorothy Thomas wurde eine enge Freundin der Myrdals, da Gunnar nur ein Jahr älter und Alva weniger als zwei Jahre jünger war als sie. Nach einer Einladung von Seiten der Myrdals nach Schweden 1930 kam das amerikanische Paar in den folgenden Jahrzehnten regelmäßig zum wissenschaftlichen und privaten Austausch nach Stockholm.

Ihre Reise nach den USA hatte für die Myrdals auch Schattenseiten: Sie verursachte einen Riß in der Beziehung zwischen ihnen und ihrem dreijährigen Sohn Jan, den sie zu Hause in Schweden bei den Großeltern gelassen hatten. Dieser Riß ließ sich nie wieder kitten. Er führte nach vielen schwierigen Jahren 1982 zu einem definitiven Bruch und einem öffentlichen Skandal, als der mittlerweile 55jährige Jan Myrdal in seiner bitteren Autobiographie „Eine Kindheit in Schweden" und später in zwei weiteren Büchern mit seinen frühen Jahre abrechnete.

Der Sohn warf seinen berühmten Eltern Doppelmoral und Scheinheiligkeit vor und klagte sie an, durch Desinteresse an seiner Person sein Leben und seine Psyche dauerhaft beschädigt zu haben: „Was ich ... als Kind erlebte, war, daß man mich nicht nur absonderte und nichts von mir wissen wollte, sondern daß man mich wirklich nicht leiden konnte. Ich war ein Fehler." Besonders mit seiner Mutter ging Jan Myrdal hart ins Gericht: „Sie war unempfänglich für Signale. Ihr fehlte die Intuition... Es war mit Kindern wie mit Tieren. Sie konnte sie nicht anfassen und war unfähig, spontan auf Signale zu reagieren. Sie las sich das Wissen über Kinder an. Daß sie damals, als ich fünf, sechs Jahre alt war, Kurse in Kinderpsychologie und Familienkunde leitete, erschien mir, sobald ich alt genug war, um darüber nachzudenken, als Ausdruck von schwarzem und surrealistischem Humor."

Jan Myrdals erster autobiographischer Band erschien genau zu der Zeit, als Alva Myrdal für den Friedensnobelpreis nominiert wurde. Das Buch machte publik, was schon viele Jahrzehnte lang die Familie belastete. Aus den Berichten von Alva Myrdals Töchtern Sissela Bok und Kaj Fölster nach ihrem Tod weiß man, daß Jan Myrdal von Kind an der Familie Probleme machte und als Siebzehnjähriger nach einer Prügelei mit dem Vater zuhause auszog. Die Mutter allerdings räumte dem Sohn auch im Erwachsenenalter noch alle Steine aus dem Weg. Das hinderte Jan Myrdal nicht, schließlich die Verbindung zu den alten Eltern ganz abzubrechen und sie nie wieder aufzunehmen.

Bei dem egomanen Vater und der ganz auf Mann und Sohn bezogenen Mutter scheinen die beiden Töchter den schlechteren Part gehabt zu haben. So klagt die Jüngste, daß sie sich mit ihren eigenen Bedürfnissen in dieser Familie nie artikulieren konnte und daß sie als 13jährige „plötzlich, brutal und ohne das Geschehen durchschauen zu können, ... in den Stromschnellen von Mutters Berufsplanung verschwand". Damals im Jahr 1949 nahm Alva Myrdal das Angebot zur Leitung der Abteilung für soziale Fragen bei der UN an. Es war der höchste Posten, der bis dahin einer Frau bei den Vereinten Nationen angeboten worden war. Drei Jahre zuvor hatte sie eine Offerte, Vizegeneraldirektorin der UNESCO in Paris zu werden, abgelehnt, „weil die Familie ‚natürlich' nicht aus Stockholm wegziehen konnte."

Alva Myrdal lebte ein Jahres allein in New York, bis sie zur UNESCO nach Paris überwechselte, um ihrem in Genf als Generalsekretär der Europäischen Wirtschaftskommission tätigen Mann näher zu sein und die beiden halbwüchsigen Töchter zu sich nehmen zu können. Ihr Alleingang verursachte ihr lebenslang ein schlechtes Gewissen. 1977 schrieb sie in einem Brief an ihre Tochter Kaj: „Daß ich Euch dann in Genf allein ließ, ist ein Dilemma, aus dem ich mich nie werde herausreden können. Ich erlebte es damals noch nicht so sehr als einen Konflikt zwischen meinen Interessen und Euren – Deinen und Sisselas. Es war ein Interessenkonflikt zwischen Gunnars Leben und meinem – ich hätte es nicht ausgehalten, in Genf zu bleiben. Ich hatte ein Gefühl, als würde ich ersticken – alles, was ich in Stockholm aufgebaut hatte, hatte ich ja verloren ... Eigentlich begann meine eigene Entwicklung erst damals, als ich schon 47 Jahre alt war."

Zwanzig Jahre zuvor hatte es noch keine Interessenkonflikte für das Forscherpaar gegeben, allerdings auch noch keine attraktiven Stellenangebote für Alva. Der erste gemeinsame Aufenthalt der Myrdals in den Vereinigten Staaten 1930/31 war gleichermaßen wichtig für ihre Zusammenarbeit wie für ihre künftigen individuellen Karrieren. Die neue, intensive Erfahrung einer Reise in eine fremde, wenn auch freundliche Gesellschaft half ihnen, ihre Techniken zur Kooperation zu festigen. Ihre unmittelbare Konfrontation mit dem amerikanischen Leben versah beide Partner mit einem kritischeren Blick für ihre eigene schwedische Gesellschaft und schuf die Grundlage für ihre gemeinsame radikale Argumentation in „Die Krise in der Bevölkerungsfrage".

Als 1936 ihre jüngste Tochter Kaj geboren wurde, hatte Alva Myrdal zum ersten Mal in ihrem Leben eine richtige Anstellung, wenn auch nur halbtags. Diese Anstellung war die Folge ihres Beitrags, mit dem sie sich in die Diskussion über Häuser für kinderreiche Familien und bessere Kinderbetreuung eingemischt hatte. Sie baute Tagesstätten zur Ganztagsbetreuung von Kindern auf und bildete in einem neuen sozialpädagogischen Seminar nach modernen pädagogischen Kriterien Kindergärtnerinnen aus.

Im Anschluß an einen zweiten, längeren Aufenthalt in den USA zwischen 1938 und 1943 entstand: „Ein Amerikanisches Dilemma. Das Negerproblem und die moderne Demokratie". Diesmal begleiteten alle drei Kinder die Myrdals. Ein großes Team von Forschungsassistenten stand zur Verfügung, darunter Ralph Bunche, der schwieriges Zahlenmaterial sammelte. Das Projekt wurde von der Carnegie Foundation bezahlt, die Gunnar Myrdal zum sozialwissenschaftlichen Leiter bestellt hatte, weil er als Nichtamerikaner bei dem delikaten Problem der amerikanischen Rassenfrage als objektiver galt. Die größere Familie und Alvas eigene Vorbereitung ihres Buches über „Nation und Familie", das 1941 erschien, hinderten das Paar an der engen Zusammenarbeit der früheren Jahre. So erschienen beide Bücher ohne den Namen des Ehepartners als Koautor auf dem Titel, nicht aber ohne dessen intellektuelle Begleitung und Anteilnahme.

Alva Myrdals Beitrag zu „Ein Amerikanisches Dilemma" wird deutlich an der grundlegenden Einsicht in diesem Buch, daß das Farbigen-Problem in den USA nicht so sehr ein Problem der Afro-Amerikaner selbst sei, die letztlich als Opfer zu gelten hätten, als vielmehr ein Problem der amerikanischen Gesellschaft und ihres tief verwurzelten Umgangs mit dem Rassismus. Diese Argumentationsweise lief parallel zu der Art, in der Alva Myrdal in ihrem Buch „Nation und Familie" das „Frauenproblem" diskutierte. Sie ging davon aus, daß das Problem nichts mit den Frauen selbst zu tun hatte, sondern mit der patriarchalichen Gesellschaft, die Frauen als den Männern unterlegen deutete.

Die Analogie zwischen Rasse und Geschlecht als Schlüsselkategorien in einer ungerechten Sozialordnung, die für ihre Probleme die Opfer verantwortlich macht, wurde zum politischen Schlagwort in den Jahrzehnten nach der Veröffentlichung von „Ein Amerikanisches Dilemma". Interessanterweise kehrte sich dabei im Laufe der Zeit die ursprüngliche Richtung des Einflusses um: Es war die amerikanische Bürgerrechtsbewegung der fünfziger Jahre, die schließlich die Frauenbewegung der sechziger Jahre beflügelte und vorantrieb. Für beide waren die Pionierleistungen der Myrdals in den dreißiger und vierziger Jahren richtungsweisend.

Bemerkenswerter noch als der berufliche und politische Erfolg Gunnar Myrdals scheint die exponierte Rolle von Alva Myrdal, die wie kaum eine andere Frau des 20. Jahrhunderts das von ihr propagierte Konzept der Gleichberechtigung in Ehe und Familie, Beruf und Gesellschaft vorzuleben versuchte. Hinter der strahlenden Fassade steckte allerdings ein Jahrzehnte währender Kampf gegen die überkommene Geschlechterrolle auch in der eigenen Umgebung, wenn man Alva Myrdals Tochter Kaj Fölster glauben darf. Offenbar trug Alva lange Jahre die gesamte Last familiärer Pflichten und Gunnar überhaupt keine. Um Familie und Beruf unter einen Hut zu bekommen, mußte sie tun, was andere Frauen auch taten – sich durchmogeln. Ihre Erfahrungen gingen ein in ihr Buch „Die Doppelrolle der Frau", das sie 1956 zusammen mit der Engländerin Viola Klein veröffentlichte. Darin wurde erstmals mit den Methoden empirischer Soziologie in vier Industrieländern der Weg von Frauen in die Berufstätigkeit untersucht. Alva Myrdal empfahl in ihrer Studie allen Frauen eine Lebensplanung, die über die Zeit mit den Kindern hinausdenkt und die eigene Ausbildung sehr ernst nimmt. Sie ist ihren eigenen Ansprüchen treu geblieben, auch im Hinblick auf die lebenslange intektuelle Zweisamkeit mit ihrem Mann.

Die letzte große Arbeit, bei der Gunnar Myrdal Alva unterstützte, hieß 1976 „Das Spiel der Abrüstung". Thema war das mangelnde Interesse der Großmächte an einer vernünftigen Friedenspolitik. Gunnar Myrdal ging den Text seiner Frau durch, korrigierte ihn und gab Anregungen dazu. Am Tag, nachdem das Manuskript an den Verlag abgegangen war, bekam die Vierundsiebzigjährige einen ersten schweren Herzinfarkt und lebte danach ein immer mehr reduziertes Leben. Aus dem Krankenhaus schrieb sie: „Ohne Gunnar wäre das Buch nicht entstanden."

Nutzen und Risiko des Doppels

Das Leben in einer Wissenschaftlerehe ist nie etwas für Hasenherzen oder zaghafte Gemüter gewesen. Nicht umsonst haben Wissenschaftlerinnen immer wieder gezögert, bevor sie einen Heiratsantrag angenommen haben. Marie Curie z.B. vertröstete ihren Pierre ein ganzes Jahr, wie sie nach ihrer Verlobung der Freundin Kazia in einem Brief eingestand. Manchen Wissenschaftlerfrauen ist der Berufsweg als verheiratete Frau denn auch bitter geworden. Die Nobelpreisträgerin Maria Göppert-Mayer soll geklagt haben: „Es war hart, als Frau Physikerin zu sein, aber es war schier unmöglich, eine verheiratete Physikerin zu sein." Die Ehe zwang vor allem die Frauen in Rollenklischees, die ihren Ambitionen als Forscherinnen zuwider liefen.

Sobald ein Wissenschaftler-Paar miteinander verheiratet war, mußten einschneidende Entscheidungen getroffen und auf beiden Seiten Kompromisse gemacht werden – mehr noch als in anderen Ehen. Die Zugeständnisse scheinen vor allem von Seiten der Frauen gekommen zu sein: Einige haben die Wissenschaft ganz aufgegeben. Andere sind für die Karriere des Mannes umgezogen oder trotz eigener Chancen anderswo am Ort seiner Tätigkeit geblieben und haben sich von der Rolle der Wissenschaftlerin auf die der Ehefrau und Mutter verlegt. Wo nicht, hatten Wissenschaftlermütter meist ihr Leben lang mit dem eigenen, schlechten Gewissen zu tun, weil sie die Erziehung ihrer Kinder weitgehend dritten Personen überlassen mußten. Eine Ausnahme scheint lediglich die Mathematikerin Tatyana Ehrenfest, die von Anfang an dritte Personen, bezahlt und unbezahlt, an der Aufzucht ihrer insgesamt vier Kinder beteiligte, offenbar in ähnlicher Weise, wie sie selbst in ihrer russischen Heimat groß geworden war.

Wie kontrovers und belastend sich auch für den Nachwuchs das Familienleben in Wissenschaftlerehen teilweise gestaltete, zeigen die Bücher der Kinder von Alva Myrdal. Einige, wenige, ungewöhnlich flexible Ehemänner unter den Wissenschaftlern wie Guiseppe Verati, Pierre Curie und Carl Cori haben zumindest zeitweise ihre eigenen Forschungsinteressen und beruflichen Wege an den Erfordernissen und Wünschen ihrer Ehefrauen ausgerichtet. Thomas Lonsdale hat sogar vorzeitig ganz auf eigene Ambitionen verzichtet, um seiner Frau völlig zur Verfügung zu stehen. Die Regel war solches Verhalten auch bei Wissenschaftlerpaaren nicht. So ging bei Alva und Gunnar Myrdal viele Jahre lang mit Selbstverständlichkeit die Karriere des Mannes vor, bis sich Alva Myrdal auf eigene Füße stellte, die Töchter bei ihrem Mann ließ und eine attraktive Offerte bei der UNO in New York annahm. Erst als sie ein Jahrzehnt später als Botschafterin nach Indien ging, war es der Mann, der der Partnerin folgte.

Schon durch den Umstand, daß sie verheiratet und beruflich aktiv waren, haben die Wissenschaftlerfrauen der Vergangenheit ständig die Geschlechterbarrieren ihrer Epochen zu spüren bekommen. Auch die Ehemänner haben dafür manchen Preis bezahlt. Er war unterschiedlich hoch: Frédéric Joliot beispielsweise drang durch seine Heirat in den inneren Zirkel der französischen Radiumforscher vor, aber er stand damit auch unter starkem Druck, seine Talente auf diesem Feld zu beweisen und den Ansprüchen der Schwiegermutter zu genügen. Andere Männer aus Wissenschaftlerehen litten gleichfalls unter Rivalitätsgefühlen. Verbürgt ist die Konkurrenzangst bei Jakob Reiske und bei Margaret Meads zweitem Ehemann Reo Fortune. Das Gros der Wissenschaftler hatte als Ehemann einer Kollegin eher das gegenteilige Problem und befürchtete insgeheim nicht ohne Grund fachliche Prestige-Einbußen aus dem Umstand der Zusammenarbeit mit der Ehefrau. Auch von daher bot sich die Veröffentlichung gemeinsamer Forschungsergebnisse eines Paares unter dem Namen des Mannes („Matilda-Effekt") als erfolgversprechendste Lösung an. Bei den frühen Wissenschaftlerpaaren machten immerhin Pierre Curie und Paul Ehrenfest alle Anstrengungen, dem Beitrag ihrer Ehefrauen zur gemeinsamen Arbeit öffentliche Anerkennung zu verschaffen und den Erfolg zu teilen.

Die Kombination von sozialwissenschaftlicher und sozialpolitischer Betätigung hat sich für einige Wissenschaftlerpaare als besonders glücklich erwiesen. Gleichwohl scheint diese Verbindung ein noch schwierigerer Balanceakt für die Beteiligten gewesen zu sein als die Kooperation von Naturwissenschaftlerpaaren, die in der Regel auf unauffällige Weise Interessen und Fähigkeiten vereinten, welche die Gesellschaft lange Zeit aus Geschlechtsgründen getrennt hielt. Sozialwissenschaftlerpaare, die in der Öffentlichkeit agierten, standen noch mehr im Zentrum der Aufmerksamkeit als andere Forscherpaare, und die Überzeugungskraft ihrer theoretischen Positionen wurde an ihrer eigenen, praktischen Lebensführung gemessen.

Sowohl Alva und Gunnar Myrdal wie auch Margaret Mead und Gregory Bateson sahen sich diesem Zwiespalt zwischen öffentlichem und privatem Leben gegenüber. Beide Paare leisteten ihre entscheidende Arbeit in den drei Jahrzehnten zwischen 1920 und 1950, einer wichtigen Phase sozialen Wandels überall auf der Welt. Das öffentliche Wirken der beiden Paare hatte sichtbare soziale Folgen für ihre Zeitgenossen und für spätere Generationen. Ihr Vorbild als Paar war nicht weniger bedeutsam. Ihr nachhaltiges Bemühen, intellektuelle Kreativität und sozialpolitische Einflußnahme mit einer nonkonformistischen Ehe zu kombinieren, zog weltweites Interesse auf sich.

Nachahmer fanden sich dennoch kaum. Bis in die siebziger Jahre dieses Jahrhunderts bekamen Frauen zu hören, daß es bei ihnen weder zum erstklassigen Wissenschaftler reicht noch daß sie mit gutem Gewissen Forschung und Familie kombinieren können. Für Wissenschaftlerinnen und erst recht für verheiratete Forscherinnen fehlten einfach praktikable Rollenmodelle.

Auch wenn das alte Ideal von der harmonischen Ungleichheit der Geschlechter keineswegs ganz ausgestorben ist, liegt die Betonung heutzutage auf der prinzipiellen Egalität der Rechte und Pflichten von Männern und Frauen. Das hat weibliche Wissenschaftler ermutigt, das Gespräch über Frauen in der Wissenschaft und wissenschaftliche Lebensstile anzustossen. Tatsächlich verzichten heute immer weniger weibliche Wissenschaftler auf die Ehe. Amerikanische Untersuchungen zeigen, daß Heirat und Mutterschaft die Forschungsproduktivität weiblicher Wissenschaftler keineswegs negativ beinflußt. Die Wissenschaftlerehe scheint dabei die Lust an der Veröffentlichung anzuregen: Offenbar publizieren Wissenschaftlerehefrauen mehr als ihre Kolleginnen, die mit Männern in anderen Berufen verheiratet sind.

Auch wenn eine verheiratete Wissenschaftlerin heute keine staunenswerte Besonderheit mehr scheint, sind längst nicht alle ihre Probleme aus der Welt. Die amerikanische Genetikerin Salome Waelsch, die mit Carl Cori zusammenarbeitete und selbst mit einem Wissenschaftler verheiratet ist, hat zurecht festgestellt, daß nur wenige Ehemänner – es sei denn, sie sind selbst Wissenschaftler – „bereit sind zu tolerieren, daß ihre Frau die Nächte im Labor verbringt." Keine Frage, daß es für Männer und auch für männliche Forscher einfacher ist, mit einer Frau verheiratet zu sein, die nichts mit Wissenschaft zu tun hat.

Die historische, soziologische und biographische Literatur hat den asketischen Lebensstil der Curies, der mehr oder weniger abgeschwächt auch von anderen Wissenschaftlerpaaren praktiziert worden ist, als den Königsweg für männlich-weibliche Doppelkarrieren in der Forschung ausgemacht. Nur äußerste Disziplin und Strenge in der Zeiteinteilung erlauben offenbar verheirateten Wissenschaftlerinnen, neben Ehe und Familie in der Forschung produktiv zu bleiben. Sie müssen sämtliche anderen Verpflichtungen und Aktivitäten eliminieren und sich allein auf Beruf, Mann und Kinder beschränken.

Dorothy Hodgkin-Crowfoot, englische Chemie-Nobelpreisträgerin von 1964, war mit einem Historiker verheiratet und hat drei Kinder großgezogen. Sie meint, sie hat es nur geschafft, Wissenschaft und Familie zu kombinieren, weil sie ihre Kräfte konzentrierte: „Ich denke, eine Frau sollte, wenn sie die Naturwissenschaften ernst nehmen will, sich nach Möglichkeit mehr um ihre Kinder als um ihren Haushalt kümmern und den einer Hilfe überlassen, damit sie Zeit findet für ihre Kinder ebenso wie für ihre wissenschaftliche Karriere. Mir ist das zum Glück gelungen."

Marie Curie zahlte den Preis für ihre Karriere seinerzeit noch klaglos. Inzwischen artikulieren weibliche Wissenschaftler der jüngeren Generation in wachsendem Maße, welche persönlichen und familiären Einbußen sie für einen Berufsweg in der Forschung hinnehmen müssen. Wie andere Berufsfrauen experimentieren sie, wie sie ihre reproduktive Rolle und ihre biologische Uhr mit den Erfordernissen einer Karriere in Einklang bringen können. Viele machen es wie seinerzeit Irène Joliot-Curie und Gerty Cori: Erst wenn sie halbwegs vorwärts gekommen sind, entschließen sie sich zu einem Kind. Andere versuchen beides zur gleichen Zeit. Eine dritte Gruppe arbeitet in den Jahren der Kinderaufzucht wenig oder gar nicht. Alle stehen mehr oder weniger allein. Denn vorbei ist die Zeit, daß die Verwandtschaft berufstätiger Frauen bei der Kinderbetreuung mit einspringt, und professionelle Hilfe ist teuer.

Eine berufliche Karriere aus Familiengründen zu unterbrechen oder zu verlangsamen, scheint für Wissenschaftlerinnen noch immer ein riskantes Manöver. Zwar gibt es mancherorts bescheidene institutionelle Hilfen wie Teilzeitarbeit oder geteilte Stellen, von denen theoretisch Männer und Frauen Gebrauch machen können. Aber meistens bleibt es doch den Frauen überlassen, wegen der Kinder beruflich kürzer zu treten, und nicht immer gelingt der Wiedereinstieg.

Anders als in der Vergangenheit sind Wissenschaftlerfrauen heute wirtschaftlich unabhängig, auch wenn die höheren Gehaltsstufen ihnen meist verschlossen bleiben. An Absichtserklärungen für die finanzielle Gleichstellung fehlt es dabei nicht: Das neue Hochschulrahmengesetz hierzulande wird nach Einschätzung von Frauenpolitikerinnen zur Folge haben, daß es mehr Professorinnen an Deutschlands Universitäten und Fachhochschulen gibt. Die Hochschulen bekommen danach ihre Finanzen abhängig von Leistung und Erfolg zugewiesen. Wenn die Hochschulen Frauen dann nicht genügend berücksichtigen, geht es ihnen ans Portemonnaie. Nachdruck tut sicher not: In den letzten zehn Jahren hat sich zwar die Zahl der Professorinnen in der BRD verdoppelt. Aber auf der höchsten Besoldungsstufe C4 liegt ihr Anteil nach wie vor nur bei neun Prozent.

Besser dotierte Forscherjobs setzen den Willen und die Möglichkeit zur Mobilität voraus, und auch da tun sich Frauen erfahrungsgemäß schwerer als ihre männlichen Kollegen. Während verheiratete Wissenschaftlerinnen in der Vergangenheit unter beruflicher Diskriminierung und dem ständigen Wanderzirkus entsprechend dem Diktat der Karriere ihrer Ehemänner litten, beklagen Forscherfrauen mit Mann und Kindern heute vor allem ihre familienbedingte geographische Unbeweglichkeit: Inzwischen gibt es zwar mehr Betätigungsmöglichkeiten für Forscherinnen, aber sie müssen bereit sein umzuziehen. Und die meisten richten die eigene Karriere immer noch eher an der des Ehemannes aus als umgekehrt und bleiben dort, wo der Ehemann beruflich gebunden ist. Manche praktizieren Pendlerehen wie seinerzeit Alva Myrdal, aber viele scheuen das emotionale Risiko und die Kosten der Unbequemlichkeit.

Universitäten und Forschungseinrichtungen stehen heute unter wachsendem Druck, passende Beschäftigungsmöglichkeiten auch für die Ehegatten ihres Personals zu finden. Daß Professorenehepaare gemeinsam angeworben werden, ist allerdings nach wie vor die große Ausnahme. Für ihr Auslandsinstitut in Florenz hat die amerikanische Syracuse University jüngst diesen Schritt gewagt und das Architekturhistoriker-Paar Alick McLean von der Universität Miami und Barbara Deimling aus Princeton auf Direktorenposten nach Italien geholt. Meist verstossen doppelte Berufungen jedoch gegen Nepotismus-Regeln, selbst wenn die nirgendwo mehr auf dem Papier stehen. In den dreißiger Jahren machte eine Welle von Verordnungen gegen Nepotismus vor allem in den USA Front gegen weibliche Wissenschaftler, um die Arbeitsplätze männlichen „Alleinernährern" vorzubehalten. Heute hat es andere Gründe, daß sich kaum ein Fachbereich gleich ein Ehepaar und damit Wissenschaftler im Doppelpack in die Institution holen mag. Es ist wohl vor allem die Furcht der übrigen Mitglieder vor verstärkter Einflußnahme.

Der Ausweg, als unverheiratetes Paar Tisch, Bett und Labor zu teilen, birgt allerdings ebenfalls Risiken und rettet nicht davor, in anderen Situationen auf Gedeih und Verderb verbunden zu bleiben. Das hat jüngst der spektakuläre Fall des Ulmer Krebsexperten Friedhelm Hermann gezeigt, der zusammen mit seiner ehemaligen Mitarbeiterin und Lebensgefährtin Marion Brach wegen Forschungsbetrug angeklagt und suspendiert worden ist. Eine Untersuchungskommission der Universitäten Berlin, Lübeck und Ulm warf dem Paar vor, in rund drei Dutzend Fällen Forschungsberichte gefälscht oder von anderen Autoren abgeschrieben, Experimente vorgetäuscht, Tabellen erfunden, Daten manipuliert und erhebliche Forschungsgelder veruntreut zu haben.

Frau Brach, zuletzt Professorin für Molkularbiologie in Lübeck, behauptet, Friedhelm Hermann habe die Fälschungen veranlaßt und Daten aus fremden Quellen übernommen. Hermanns Anwalt hält dagegen, daß Marion Brach die Verantwortung für die Fälschungen trage, von denen sein Mandant nichts gewußt habe. Außer den Anschuldigungen von Frau Brach gebe es keine Beweise für Manipulationen. Die schmutzigen Labormäntel, die hier in aller Öffentlichkeit gewaschen werden, demonstrieren die Schattenseiten genialer Beziehungen und das bittere Ende der Gemeinsamkeit bei einem Wissenschaftlerpaar, das sich seinerzeit nicht nur zum Forschen zusammentat.

Literatur

Allgemein

Elisabeth Badinter: „Emilie, Emilie. Weiblicher Lebensentwurf im 18. Jahrhundert." München, Zürich 1984

Claudia Honegger, Theresa Wobbe (Hrsg.): „Frauen in der Soziologie. Neun Porträts.", München 1998

Jean-Claude Kaufmann: „Schmutzige Wäsche. Zur ehelichen Konstruktion von Alltag." Aus dem Französischen von Andreas Gipper und Mechthild Rahner, Konstanz 1994

Margaret L. King: „Frauen in der Renaissance" München 1993

Karl Lenz: „Soziologie der Zweierbeziehung. Eine Einführung." Opladen, Wiesbaden 1998

H. J. Mozans: „Woman in Science." Cambridge, Mass., London 1913

Helena M. Pycior, Nancy G. Slack, and Pnina G. Abir-Am (Ed.): „Creative Couples in the Sciences", New Brunswick, New Jersey 1996

Simon Singh: „Fermats letzter Satz. Die abenteuerliche Geschichte eines mathematischen Rätsels." Aus dem Englischen von Klaus Fritz, München, Wien 1998

Dorothy Stein: „Ada. A Life and a Legacy", Cambridge, Mass., London 1985

Wilderich Tuschmann, Peter Hawig: „Sofia Kowalewskaja – ein Leben für Mathematik und Emanzipation." Basel, Boston, Berlin 1993

Harriet Zuckerman, Jonathan R. Cole, John T. Bruer: „The Outer Circle. Women in the Scientific Community." New Haven, London 1992

Pioniere

Laura Bassi und Guiseppe Verati

Beate Ceranski: „Und sie fürchtet sich vor niemandem. Die Physikerin Laura Bassi (1711–1778)." Frankfurt am Main, New York 1996

Andreas Kleinert: „Maria Gaetana Agnesi und Laura Bassi. Zwei italienische gelehrte Frauen im 18. Jahrhundert." in: Willi Schmidt und Christoph J. Scriba: „Frauen in den exakten Naturwissenschaften. Festkolloquium zum 100. Geburtstag von Frau Dr. Margarethe Schimank (1890–1983)", Stuttgart 1990, S. 71–85

Ernestine Reiske und Johann Jakob Reiske

Barbara Becker-Cantarino: „Der lange Weg zur Mündigkeit. Frau und Literatur (1500–1800)", Stuttgart 1987

Anke Bennholdt-Thomsen/Alfredo Guzzoni: „Gelehrsamkeit und Leidenschaft. das Leben der Ernestine Reiske. 1735–1798." München 1992

Maria Winkelmann und Gottfried Kirch

Lettie S. Multhauf: „Kirch", in: Charles Coulston Gillispie (Ed.): „Dictionary of Scientific Biography", Vol. 7, New York 1981, S. 373–374

Londa Schiebinger: „Schöne Geister. Frauen in den Anfängen der modernen Wissenschaft." Aus dem Amerikanischen von Susanne Lüdemann und Ute Spengler. Stuttgart 1993

Margaret Wertheim: „Die Hosen des Pythagoras. Physik, Gott und die Frauen." Aus dem Englischen von Karin Schuler, Karin Miedler und Silke Egelhof, Zürich 1998

Die Nobel-Paare

Allgemein

Ulla Fölsing: „Nobelfrauen. Naturwissenschaftlerinnen im Porträt." 3. Aufl., München 1994

Pierre und Marie Curie

Eve Curie: „Madame Curie", Frankfurt am Main 1952

Ulla Fölsing: „Marie Curie. Wegbereiterin einer neuen Naturwissenschaft.", München 1990

Ulla Fölsing: „Nobelfrauen", a. a. O., S. 29–44

Robert Reid: „Marie Curie", Düsseldorf, Köln 1980

Susann Quinn: „Marie Curie. A Life", New York 1995

Irène und Frédéric Joliot-Curie

Bernadette Bensaude-Vincent: „Star Scientists in a Nobelist Family: Irène and Frédéric Joliot-Curie." in: Pycior et al.: „Creative Couples in the Sciences", a. a. O., S. 57–71

Ulla Fölsing: „Nobelfrauen", a. a. O., S. 45–55

Noelle Loriot: „Irène Joliot-Curie", Paris 1991

Francis Perrin: „Joliot, Frédéric" und „Joliot-Curie, Irène", in: Charles Coulston Gillispie (Ed.): „Dictionary of Scientific Biography", Vol. 7, New York 1981, S. 151–157 und S. 157–159

Gerty und Carl Cori

Mildred Cohn: „Carl and Gerty Cori: A Personal Recollection", in: Pycior et al. : „Creative Couples in the Sciences", a. a. O., S. 72–84

Carl F. Cori: „The Call of Science", in: „Annual Review of Biochemistry" 38/1969, S. 1–20

Ulla Fölsing: „Nobelfrauen", a. a. O., S. 56–64

Joseph S. Fruton: „Cori, Gerty Theresa Radnitz", In: Charles Coulston Gillispie (Ed.): „Dictionary of Scientific Biography,", Vol. 3, New York 1981, S. 415–416

Gelehrsamkeit zu zweit

Tatyana und Paul Ehrenfest

Hendrik B. G. Casimir: „Haphazard Reality. Half a Century of Science." New York 1983

Albrecht Fölsing: „Albert Einstein. Eine Biographie" Frankfurt am Main 1993

Martin J. Klein: „Paul Ehrenfest. Vol 1. The Making of a Theoretical Physicist." Amsterdam, Oxford, New York, Tokyo 1970, 1989 (Band 2 bis heute nicht erschienen)

Martin J. Klein: „Ehrenfest, Paul" in: Charles Coulston Gillispie (Ed.): „Dictionary of Scientific Biography", Vol 3, New York 1981, S. 292–294

Ida und Walter Noddack

Otto Bayer et al.: „Walter Noddack", in: „Chemische Berichte", 96/1963, S. XXVII

Fritz Krafft: „Im Schatten der Sensation. Leben und Wirken von Fritz Strassmann.", Weinheim 1961, S. 314–317

H. Meyer und E. Ruda: „Zum Tode von Walter Noddack", in: „Zeitschrift für Chemie", 2/1962, S. 33

Ruth Lewin Sime: „Lise Meitner. A Life in Physics", Berkeley, Los Angeles, London 1996

Ferenc Szabadvary: „Noddack, Walter", in: Charles Coulston Gillispie (Ed.): „Dictionary of Scientific Biography", Vol. 10, New York 1981, S. 136

Kathleen und Thomas Lonsdale

Maureen M. Julian: „Kathleen and Thomas Lonsdale. Forty-Years of Spiritual and Scientific Life Together", In: Helena M. Pycior et al: „Creative Couples in the Sciences", New Brunswick, New Jersey 1995, S. 170–181

J. M. Robertson: „Lonsdale, Dame Kathleen Yardley", in: „Dictionary of Scientific Biography", Vol. 8, New York 1981, S. 484–485

Die vertane Chance

Mileva Marić und Albert Einstein

Albert Einstein/Mileva Marić: „Am Sonntag küss' ich Dich mündlich. Die Liebesbriefe 1897–1903." Hrsg. und eingeleitet von Jürgen Renn und Robert Schulmann, München 1994

Albrecht Fölsing: „Albert Einstein. Eine Biographie.", Frankfurt am Main 1994

Ulla Fölsing: „Nobelfrauen". a. a. O., S. 138–145

John Stachel: „Albert Einstein and Mileva Marić. A Collaboration That Failed to Develop." in: Pycior et al.: „Creative Couples in the Sciences.", a.a.O., S. 207–219

Desanka Trbuhovíc-Gjuríc: „Im Schatten Albert Einsteins. Das tragische Leben der Mileva Einstein-Marić", Bern, Stuttgart 1988

Clara Immerwahr und Fritz Haber

Gerrit von Leitner: „Der Fall Clara Immerwahr. Leben für eine humane Wissenschaft." München 1993

Dietrich Stoltzenberg: „Fritz Haber. Chemiker. Nobelpreisträger. Deutscher. Jude." Weinheim, New York, Basel, Cambridge, Tokio 1994

Margit Szöllösi-Janze: „Fritz Haber 1868–1934. Eine Biographie." München 1998

Richard Willstätter: „Aus meinem Leben. Von Arbeit, Muße und Freunden." Weinheim 1949

Gemeinsam für eine bessere Welt

Margaret Mead und Gregory Bateson

Pnina G. Abir-Am: „Collaborative Couples Who Wanted to Change the World." in: Pycior et al.: „Creative Couples in the Sciences", a.a.O., S. 267–281

Mary Catherine Bateson: „Mit den Augen einer Tochter. Meine Erinnerung an Margaret Mead und Gregory Bateson.", Reinbek bei Hamburg 1986

Margaret Mead: „Mann und Weib. Das Verhältnis der Geschlechter in einer sich wandelnden Welt." Stuttgart, Konstanz, Zürich 1955

Margaret Mead: „Brombeerblüten im Winter. Ein befreites Leben.", Reinbek bei Hamburg 1978

Alva und Gunnar Myrdal

Pnina G. Abir-Am: „Collaborative Couples Who Wanted to Change the World." in: Pycior et al.: „Creative Couples in the Sciences", a.a.O., S. 267–281

Sissela Bok: „Alva Myrdal: A Daughter's Memoir", Boston 1991

Kaj Fölster: „Sprich, die du noch Lippen hast. Das Schweigen der Frauen und die Macht der Männer – Annäherung an Alva Myrdal." Marburg 1993

Jan Myrdal: „Kindheit in Schweden", Marburg 1990; derselbe: „Eine andere Welt", Marburg 1991; derselbe: „Das dreizehnte Jahr", Marburg 1993

Abbildungsnachweis

Seiten 33, 46, 48 – Kupferstichkabinett Staatliche Museen zu Berlin. Preußischer Kulturbesitz. Fotos: Jörg P. Anders; – *Seite 41* – Herzog August Bibliothek Wolfenbüttel (Sign. A 975); – *Seite 57* – Archiv für Kunst und Geschichte, Berlin; – *Seiten 73, 115* – aus: Helena M. Pycior, Nancy G. Slack and Pnina G. Abir-Am (Ed.), Creative Couples in the Sciences, New Brunswick, New Jersey 1996, Tafelteil nach S. 156; – *Seiten 85, 127, 160, 161* – Ullstein Bilderdienst, Berlin; – *Seite 95* – aus: Martin J. Klein, Paul Ehrenfest. Vol. 1. The Making of a Theoretical Physicist. Amsterdam. Oxford, New York, Tokyo 1970, 1989, Abbildung 5; – *Seite 105* – Presse-Foto Emil Bauer, Bamberg; – *Seiten 138, 139* – Archiv zur Geschichte der Max-Planck-Gesellschaft, Berlin Dahlem; – *Seite 149* aus: Mary Catherine Bateson, Mit den Augen einer Tochter. Meine Erinnerungen an Margaret Mead und Gregory Bateson, Reinbek bei Hamburg 1986

Personenregister

Abegg, Richard 143, 144
Afanassjewa, Tatyana Alexeyevna 96, 97 (siehe auch Ehrenfest, Tatyana)
al-Mutanabbi 50
Arnold, Christoph 33
van Assche, Pieter 104

Babbage, Charles 8
Bassi, Laura 10, 20, 27, 28, 29, **39–44**
Bateson, Gregory 19, 25, 28, **148–157**, 169
Bateson, Mary Catherine 151, 154, 155, 156, 157
Bateson, William 150
Becquerel, Henri 56, 63, 68, 72
Benedict, Ruth 155
Benedikt XIV. (Papst) 43
Berg, Otto 107, 112
Besso, Michele 133, 135
Blum, Léon 79
Boas, Franz 155
Bohr, Niels 101
Bok, Sissela 163
Boltzmann, Ludwig 94, 96, 97, 101
Bosch, Carl 140
Brach, Marion 172
Bragg, William Henry 28, 114, 115, 116, 117, 118, 120
Bunche, Ralph 165
Burny, Charles 39
Byron, George Gordon Noel (Lord) 8

Cameron, Jessie 114
Casimir, Hendrik 102
Chadwick, James 77
du Châtelet, Emilie 7
Cohen, Stanley 7
Comelli, Giambattista 42

Cori, Carl 15, 19, 21, 22, 23, 28, 29, **83–92**, 167, 170
Cori, Carl Thomas 89, 90
Cori, Gerty 15, 19, 21, 22, 23, 27, 29, **83–92**, 170
Cressmann, Luther 152
Cunitz, Maria 32
Curie, Eugène 28, 58, 62, 73
Curie, Eve 9, 62, 67, 73, 74, 82
Curie, Irène 63, 67, 74 (siehe auch Joliot-Curie, Irène)
Curie, Jacques 57, 58, 59, 68
Curie, Marie 9, 12, 14, 15, 17, 19, 21, 22, 23, 26, 28, 29, **56–71**, 72, 74, 76, 78, 82, 134, 167, 170
Curie, Pierre 9, 12, 14, 15, 17, 19, 21, 22, 23, 26, 29, **56–71**, 72, 76, 78, 80, 134, 167, 168, 170

Darcier, Anna 46
Debierne, André 65
Deimling, Barbara 172
Demosthenes 50
de Duve, Christian 91

von Egidy, Christoph Moritz 45, 46, 52
Ehrenfest, Arthur 96
Ehrenfest, Paul 15, 19, 20, 24, 29, **94–102**, 134, 168
Ehrenfest, Paul (Sohn von Paul Ehrenfest) 100
Ehrenfest, Tatyana 15, 19, 20, 24, 26, 27, 28, 29, **94–102**, 134, 167
Ehrenfest, Tatyana (T') (Tochter von Tatyana Ehrenfest) 98
Ehrenfest, Vassili 100, 102
Eimmart, Maria 32
Einstein, Albert 14, 15, 24, 28, 96, 99, 100, 101, **126–135**, 136, 139
Einstein, Elsa 131

Einstein, Hans Albert 135
Einstein, Lieserl 130, 135
d'Epinay, Louise 7
Euklid 91
von Euler-Chelpin, Hans 109

Fermi, Enrico 77, 101, 103, 109
Fölster, Kaj 163, 166
Fortune, Reo 16, 151, 152, 154, 168
Friedrich I. von Preußen 32
Frisch, Otto Robert 79

Garcia Robles, Alfonso 16
Gauß, Carl Friedrich 7, 8
Germain, Sophie 7
Gibbs, Josiah Willard 94
Gluecksohn-Waelsch, Salome 23, 92
Göppert-Mayer, Maria 15, 167
Gorer, Geoffrey 155
Graff, Johann Andreas 12
Graham, Evarts 87
Grimm, Friedrich Melchior 7

Haber, Fritz 14, 15, 24, **136–145**
Hahn, Otto 77, 78, 103, 109, 110, 111, 112, 141
Hamburger, Victor 7
Helmholtz, Hermann 131
Hermann, Friedhelm 172
Herschel, Caroline 11
Hertz, Heinrich 94
Hevelius, Elisabeth 32
Hevelius, Johannes 34
Hodgkin-Crowfoot, Dorothy 170
Houssay, Alberto 83

Immerwahr, Clara 12, 14, 15, 24, 25, 28, **136–145**
Immerwahr, Paul 143

Jahoda, Marie 17
Joffe, Abraham 99
Joliot, Frédéric 20, 21, 22, 23, 26, 28, 29, **72–92**, 168
Joliot-Curie, Anne 80
Joliot-Curie, Hélène 79

Joliot-Curie, Irène 15, 20, 21, 22, 23, 26, 27, 28, 29, 63, 67, **72–82**, 109, 113, 170
Joliot-Curie, Pierre 79, 80

Kaufmann, Jean-Claude 14
King, William 8
Kirch, Christfried 38
Kirch, Christine 32, 38
Kirch, Gottfried 11, 20, 28, **32–38**
Kirch, Margarethe 32, 38
Kirch, Maria 34 (siehe auch Winkelmann, Maria)
Klein, Felix 95
Klein, Martin J. 102
Klein, Viola 166
König, Eva 45
Kornberg, Arthur 91
Kowalewskaja, Sofia 9
Kowalewski, Vladimir 9
Kowalski, Jozef 58
Krebs, Edwin 91
von Krosigk, Frederick 37

Langevin, Hélène 80 (siehe auch Joliot-Curie, Hélène)
Langevin, Michel 80
Langevin, Paul 80
von Laue, Max 116
Lavoisier, Antoine Laurent 8
Lavoisier, Marie-Anne Pierrette 7
Lazarsfeld, Paul 17
Leibniz, Wilhelm 36, 37
Leloir, Luis 91
Lenard, Philipp 132
Lessing, Gotthold Ephraim 45, 49, 51
Levi-Montalcini, Rita 7
Lippmann, Gabriel 70
Lonsdale, Jane 119
Lonsdale, Kathleen 14, 19, 20, 21, 24, 27, 28, 29, **114–123**
Lonsdale, Nancy 120
Lonsdale, Stephen 120
Lonsdale, Thomas 14, 19, 20, 21, 24, 28, 29, **114–123**, 168
Lorentz, Hendrik Antoon 96, 98, 99, 101
Lovelace, Ada 8

Marić Mileva 12, 14, 15, 24, 25, 28, 99, **126–135,** 136
McLean, Alick 172
Mead, Margaret 16, 19, 25, 27, 28, **148–157,** 168, 169
Meitner, Lise 77, 78, 79, 109, 111, 112, 113, 134
Merian, Maria Sibylla 11
Merian, Matthäus 11
Merton, Robert K. 16, 17
Minerva 40
Morell, Jakob 11
Müller, Ernestine 45, 47, 49 (siehe auch Reiske, Christine)
Myrdal, Alva 14, 15, 16, 19, 21, 25, 27, 28, 29, **158–166,** 167, 168, 169, 171
Myrdal, Gunnar 14, 15, 16, 19, 21, 25, 29, **158–166,** 168, 169
Myrdal, Jan 159, 163
Myrdal, Kaj 159, 163, 164, 165 (siehe auch Fölster, Kaj)
Myrdal, Sissela 159, 163, 164 (siehe auch Bok, Sissela)

Napoleon III. 117
Nernst, Walter 105, 106
Newton, Isaac 7
Nobel, Alfred 66
Noddack, Ida 15, 19, 21, 24, 26, 28, 29, **103–113**
Noddack, Walter 15, 19, 21, 22, 24, 28, 29, **103–113**

Ochoa, Severo 91
Oppenheimer, Robert 101

Perrier, Carlo 104
Perrin, Henriette 74
Perrin, Jean 73
Planck, Max 101
Porter, Alfred W. 118
Potter, Beatrice 15

Radnitz, Gerty 21, 83 (siehe auch Cori, Gerty)
Reiske, Ernestine Christine 20, **45–53**

Reiske, Johann Jakob 20, **45–53,** 168
Röntgen, Wilhelm 99
Rosbaud, Paul 111, 112
Rossiter, Margaret 17
Rutherford, Ernest 77

Schlözer, Dorothea 46
Schützenberger, Paul 61
Schulten, Albert 49
Segré, Emilio 104, 112
Sklodowska, Bronya 60
Sklodowska, Maria (Marie) 21, 58, 60, 61, 66 (siehe auch Curie, Marie)
Sklodowski, Josef 9
Solovine, Maurice 132
Spock, Benjamin 156
Stephenson, Marjorie 121
Straßmann, Fritz 103
Sutherland, Earl 91
Swaine Thomas, Dorothy 17, 163

Tacconi, Gaetano 39, 40
Tacke, Ida 21, 22, 104, 106, 107, 108 (siehe auch Noddack, Ida)
Thomas, William J. 17, 163
Tolstoi, Leo 98
Trbuhović-Gjurić, Desanka 128

Verati, Guiseppe 28, 29, **39–44,** 167
Verati, Paolo 42
Voltaire 7

Waelsch, Salome 169, 170 (siehe auch Gluecksohn-Waelsch, Salome)
Webb, Sidney 15
Weber, Alfred 17
Weber, Heinrich Friedrich 126
Weber, Marianne 17
Weber, Max 17
Willstädter, Richard 137
Winkelmann, Maria 11, 28, **32–38**

Yardley, Harry Frederick 114
Yardley, Kathleen 114, 117, 118 (siehe auch Lonsdale, Kathleen)

Zanotti, Giampietro 39
Zorawski, Kazimierz 58

Buchanzeigen

Natur, Naturwissenschaften

Tijs Goldschmidt
Darwins Traumsee
Nachrichten von meiner Forschungsreise nach Afrika
Aus dem Niederländischen von Janneke Panders
Nachdruck der 1. Auflage 1998. 349 Seiten mit 27 Abbildungen.
Gebunden

Karl von Meÿenn (Hrsg.)
Die großen Physiker
Band 1: Von Aristoteles bis Kelvin
1997. 562 Seiten mit 37 Abbildungen. Leinen
Band 2: Von Maxwell bis Gell-Mann
1997. 528 Seiten mit 36 Abbildungen. Leinen

Dezsö Varju
Mit den Ohren sehen und den Beinen hören
Die spektakulären Sinne der Tiere
1998. 285 Seiten mit 34 Abbildungen, davon 9 in Farbe. Gebunden

Reinhard Werth
Hirnwelten
Berichte vom Rande des Bewußtseins
1998. 231 Seiten mit 11 Abbildungen. Gebunden

Margit Szöllösi-Janze
Fritz Haber 1868–1934
Eine Biographie
1998. 928 Seiten mit 20 Abbildungen. Leinen

Klaus Michael Meyer-Abich
Praktische Naturphilosophie
Erinnerung an einen vergessenen Traum
1997. 520 Seiten mit 3 Abbildungen. Leinen
Kulturgeschichte der Natur in Einzeldarstellungen

Verlag C.H. Beck München

Frau und Gesellschaft

Ulla Fölsing
Nobel-Frauen
Naturwissenschaftlerinnen im Porträt
3. Auflage. 1993. 214 Seiten. Paperback
Beck'sche Reihe Band 426

Verena Mühlstein
Helene Schweitzer Bresslau
Ein Leben für Lambarene
1998. 298 Seiten. 18 Abbildungen. Leinen

Andrea van Dülmen (Hrsg.)
Frauen
Ein historisches Lesebuch
6. Auflage. 1995. 396 Seiten mit 7 Abbildungen. Paperback
Beck'sche Reihe Band 370

Ute Frevert
„Mann und Weib, und Weib und Mann"
Geschlechter-Differenzen in der Moderne
1995. 255 Seiten. Paperback
Beck'sche Reihe Band 1100

Barbara Hahn (Hrsg.)
Frauen in den Kulturwissenschaften
Von Lou-Andreas Salome bis Hannah Arendt
1994. 364 Seiten mit 15 Abbildungen. Paperback
Beck'sche Reihe Band 1043

Claudia Honegger/Theresa Wobbe
Frauen in der Soziologie
Neun Portraits
1998. 389 Seiten mit 7 Abbildungen. Paperback
Beck'sche Reihe Band 1198

Verlag C. H. Beck München